农业非点源污染排放核算与环境风险评估：理论方法与实践

段 扬 蒋洪强 高月明 吴文俊 著

U0252224

中国环境出版集团·北京

图书在版编目（CIP）数据

农业非点源污染排放核算与环境风险评估：理论方法与
实践/段扬等著. —北京：中国环境出版集团，2022.3
ISBN 978-7-5111-5100-1

Ⅰ.①农… Ⅱ.①段… Ⅲ.①农业污染源—非点源
污染—排污量—统计核算 ②农业污染源—非点源污染—
环境质量评价 Ⅳ.①X501 ②X822.1

中国版本图书馆 CIP 数据核字（2021）第 048945 号

出 版 人　武德凯
责任编辑　葛　莉
责任校对　任　丽
封面设计　宋　瑞

出版发行　**中国环境出版集团**
　　　　　（100062　北京市东城区广渠门内大街 16 号）
　　　　　网　　　址：http://www.cesp.com.cn
　　　　　电子邮箱：bjgl@cesp.com.cn
　　　　　联系电话：010-67112765（编辑管理部）
　　　　　发行热线：010-67125803，010-67113405（传真）
印　　刷　北京中科印刷有限公司
经　　销　各地新华书店
版　　次　2022 年 3 月第 1 版
印　　次　2022 年 3 月第 1 次印刷
开　　本　787×1092　1/16
印　　张　12
字　　数　250 千字
定　　价　78.00 元

中国环境出版集团郑重承诺：
中国环境出版集团合作的印刷单位、材料单位均具有中国环境标志产品认证。

前　言

非点源污染（non-point source pollution）是指溶解态或固体污染物从非特定的地点，在降水和径流冲刷作用下，通过降水、径流、淋溶、壤中流以及地下水回流等过程汇入受纳水体引起的污染。其主要来源包括农药、化肥过量使用，农村生活污水无序排放等。非点源污染在时间上具有随机性和间歇性，在机制和过程上具有复杂性，在排放通道和数量上具有不确定性，在空间上具有分布广泛性等特点，使得其在监测、模拟、管理与控制上难度较大。近年来随着我国社会经济快速发展和人口持续增长，大量化肥和农药随降水或灌溉用水流入水域，农业非点源排放导致的水体富营养化、地下水污染等水环境污染问题日益严重，对人们的身体健康和生活质量造成严重威胁。

当前，党中央、国务院高度重视农业非点源污染所面临的严峻形势，习近平总书记在党的十九大报告中专门提出"强化土壤污染管控和修复，加强农业面源污染防治，开展农村人居环境整治行动"。农业农村部、生态环境部等相关部委相继出台了一系列政策文件，旨在减少农业非点源污染给生态环境带来的负面影响。在当前精准治污、科学治污的大背景下，有效地开展非点源污染定量溯源工作，定量研究不同污染源对水体非点源污染的贡献，从而为非点源污染源头控制政策的制定提供技术支持，是当前水污染管理中非常迫切需要开展的一项工作，具有重要的现实意义。

本书紧扣农业非点源污染"从哪里来，到哪里去"这一核心科学问题，在系统总结国内外相关领域学者研究成果的基础上，分别从全国及典型区域尺度出发，将遥感技术、地理信息系统技术与非点源污染模型相结合，构建了一套较为完善的多尺度氮、磷平衡评价方法，之后从产生和排放两个角度对农业特别是种植业非点源污染进行核算评估，并在此基础上针对土地利用变化对非点源污染排放影响、非点源污染风险评估等方面进行深入研究。希望通过本书的研究成果为后续非点源污染管理工作提供有效支撑，这将有助于推动地方相关部门采取相应措施，提高非点源污染控制成效。

全书共分为 7 章，第 1 章为绪论，通过文献回顾介绍了农业非点源研究的重要意义以及国内外研究进展和我国农业非点源污染防治所面临的问题及挑战。第 2 章从系统学和方法学角度出发阐述了农业非点源污染的理论体系，之后详细介绍了输出系数法以及二元结构模型法两种农业非点源污染核算的典型方法。第 3 章介绍了输出系数法在大清河流域农业非点源排放评估中的应用。第 4 章开展了嫩江流域农业非点源排放核算研究，并重点评估了土地利用变化对氮磷负荷的影响程度。第 5 章以长江经济带 11 省（市）为研究对象构建了农田氮平衡模型及污染风险等级评估模型，并重点分析了其平衡特征和污染等级分布特征。第 6 章开展了我国种植业氮、磷平衡研究，以 2005 年及 2018 年作为典型年份详细计算了各省级行政单元种植业氮、磷平衡以及时空分布情况。第 7 章利用二元结构模型开展我国种植业非点源污染负荷核算工作，计算了不同尺度下种植业非点源溶解态和吸附态氮、磷污染负荷情况，并以此为基础进行污染风险评估工作。

全书结构及写作提纲由生态环境部环境规划院副总工程师蒋洪强拟定，并指导各章节初稿的讨论完善和写作完成；段扬完成统稿及定稿。第 1 章主要由高月明、蒋洪强编写；第 2 章主要由高月明、段扬、吴文俊编写；第 3 章主要由段扬、吴文俊、田恬、李红华、陈奔编写；第 4 章主要由吴文俊、段扬编写；第 5 章主要由吴文俊、段扬、李勃、杨勇编写；第 6 章主要由段扬、高月明、蒋洪强、李勃、李永源编写；第 7 章主要由蒋洪强、段扬、高月明、牛传真、赵雨编写。本书撰写过程中得到了蒋洪强研究员的专业指导，在相关研究方法的选取及模型搭建过程中得到了生态环境部卫星环境应用中心王雪蕾研究员、中国水利水电科学研究院黄伟高级工程师以及深圳大学张杰博士的悉心帮助，另外清华大学喻朝庆教授、北京师范大学陈磊副教授、中国科学院生态环境研究中心郑天龙博士、环境规划院刘年磊博士等同仁对于结果合理性及未来应用范围提供了很多建设性意见。在本书撰写过程中还得到了生态环境部综合司的指导。在此一并表示感谢和致意。本书研究得到了"国家生态环境资产核算体系建立"（项目号：2110105）项目资助。

由于作者水平有限，书中难免存在不足甚至错误之处，恳请读者批评指正。

作　者

2021 年 2 月 1 日

目　录

第1章 绪 论

本章着重介绍了农业非点源污染的基本理论研究，系统阐释了非点源污染及相关模型的基本概念与特征，并从技术方法、应用进展等层面深入探讨国内外农业非点源污染的研究进展，在此基础上，总结并剖析了我国农业非点源污染防治面临的问题与挑战，进而对农业非点源污染研究热点方向进行展望，以期为后续研究提供重要参考。

1.1 非点源污染概述

1.1.1 非点源污染定义

非点源污染（non-point source pollution）亦称面源污染，是指溶解态或固体污染物在大面积降水（或融雪）和径流冲刷作用下，通过地表径流、土壤侵蚀、农田排水等形式汇入河流、湖泊、水库、海湾等受纳水体引起富营养化或其他形式的水体污染，其主要来源包括地表的土壤泥沙颗粒、氮和磷等营养物质、农药等有害物质、秸秆农膜等固体废弃物，以及畜禽养殖粪便污水、水产养殖饵料药物、农村生活污水垃圾、各种大气颗粒物沉降等。大量泥沙，氮、磷营养物质，有毒有害物质进入江河、湖库造成非点源污染，引起水体悬浮物浓度升高，有毒有害物质含量增加，溶解氧减少，水体出现富营养化和酸化趋势，不仅直接破坏水生生物的生存环境，导致水生生态系统失衡，而且还影响人类的生产和生活，威胁人体健康。由于非点源污染具有分散性、隐蔽性、随机性、潜伏性、累积性和模糊性等特点，对水环境实施污染总量控制管理的基础和关键在于是否能准确获得水体污染负荷量，我国生态环境管理部门正逐步探索将非点源污染纳入污染总量控制系统，因此非点源污染负荷的计算研究已经成为不可或缺的重要研究内容。

1.1.2 非点源污染特征

与具有固定排污口的点源污染相比，非点源污染的污染源较分散，受自然因素影响较大，涉及范围和地理边界难以确定和识别，具有随机性、不确定性、广泛性、难监测性等特点，因此对其进行判断、监管和防治的难度很大。

（1）随机性

从非点源污染的起源和产生过程看，非点源污染的发生具有随机性，与区域降水具有密切关系，受水循环的影响，降水量和频率对非点源污染有较大影响，降水的随机性决定了非点源污染的形成具有较大的随机性。除此之外，非点源污染与区域的地质地貌、土壤结构、温度、湿度、气候、农作物类型等因素也密切相关。

（2）不确定性

地形、土壤条件、气候等自然因素和人类活动等社会因素的不确定性，导致非点源污染具有较大的不确定性。影响非点源污染的因子复杂多样，包括农业生产活动、土地利用方式等，排污点不固定、污染物间歇排放，污染物来源、污染负荷等都具有很大的不确定性，使得非点源污染控制变得更加困难。

（3）广泛性

我国实行土地家庭联产承包责任制，农民从事农业生产是以农户为单位分散经营的，每个农户在农业生产过程中都可能导致农业非点源污染，污染主体具有广泛性。随着经济的发展，人类向环境排放污染物的种类和途径逐渐增加，这些污染物或是以污水的形式通过排污口进入水体，或是进入大气，或是累积在地表，当降雨发生时，随着产汇流过程，累积在地表的污染物将随着径流进入水体，这一过程在空间上具有分散性、范围广等特点。

（4）难监测性

在特定区域内污染物的排放是相互交叉的，加之不同的地理、水文、气象等自然条件使得聚积在地表的污染物随着地表径流（或渗漏）进入水体，由于径流的时空变化大，非点源污染也具有广泛性和较大的时空差异性。另外，由于非点源污染的分散性、广泛性和不确定性，对单个污染者污染排放量的监测及其对水体污染贡献率的确定有很大困难。近年来利用卫星遥感技术、地理信息系统技术对非点源污染进行模型化模拟和描述，为非点源污染的预测和监控提供了有效的数据。

（5）滞后性

以非点源污染中的农业非点源污染为例，降水和地表径流是农业非点源污染产生的主要动力，降水发生之前施用于农田的农药、化肥可能长期累积在地表，不会发生现实的污染，这一时期就是非点源污染的潜伏期。当降水形成汇流过程时，潜伏期累积的污染物才会在降水的驱动下随径流导致污染发生，实际发生污染的时间相比污染物的排放时间具有滞后性，所以，非点源污染的危害也具有滞后性。

（6）风险性

非点源污染具有风险性，以农业非点源污染为例，农业生产产生的污染物，通过农田排水、地表径流、地下渗漏和挥发等方式进入土壤、水体和大气，不仅导致土壤、水体和大气污染，还会引发水体富营养化，各种水生动植物过度繁殖、生长，对湿地生物生存环境产生破坏，损害区域生态系统，对农产品质量安全、人体健康和农业的可持续发展构成严重威胁，风险性很大。传统的点源污染控制采取的末端治理技术很难有效地控制非点源污染。

（7）隐蔽性

不同于点源污染的集中排放，农业非点源污染没有固定的排污口，排放分散，流域的地貌地形、水文特征、土地利用状况、气候等的差异会导致污染物分布存在空间异质性和时间不均衡性，污染物会随着这些自然条件的变化散失在整个流域环境中。污染的分散性会导致非点源污染的地理边界不易识别，空间位置不易确定，具有较强的隐蔽性。

（8）公众合理施用农药、化肥意识不强

公众对于不合理施用化肥和农药等引发的污染以及农业生产过程中产生的污染缺乏足够的认识，对隐蔽性强、分散的村落污水垃圾及畜禽粪便等有机废物给水环境带来的危害也缺乏重视。

1.1.3 非点源污染分类

非点源污染从来源来看可分为以下几个方面：

（1）农业

农业非点源是非点源污染的主要来源，按照农业生产生活来源，又可细分为农田种植、畜禽养殖、水产养殖、农村生活等类型的农业非点源。农业非点源污染的产生与农业生产方式不科学紧密相关，如农药、化肥施用不科学，肥料投入过量，畜牧业管理不善，过度放牧，春耕过于频繁等，另外缺水地区将污水作为农田灌溉的主要来源，过量的污水通过土壤进入地表水或地下水会导致水体污染。

（2）城市

降水形成地表径流并流经商业区、街道、停车场等城市地面，沿途将汇聚氮、磷、油类、盐类、有毒物质、杂物等污染物，流入河流或湖泊，进而污染地表水或地下水。

（3）交通

交通道路上遗留和外溢的重金属、油类等有毒有害污染物，经径流携带，最终排入湖泊、河流和海湾，造成水生生物的死亡和航道堵塞。

（4）矿山

采矿活动产生的酸性矿山废水、碱性矿山废水和金属矿山废水通过雨水、融雪水、池塘水和含有矿物岩石的浅层地下水反应形成强腐蚀性物质；重金属还可以从岩石中淋溶出来，当与地下水、地表水和土壤混合时，会对人、动物和植物产生有害影响。

（5）大气沉降

大气干沉降和湿沉降可导致大气中的有毒物质直接进入水体，或者落在土壤上，并随降雨或降雪进入水体。

1.1.4　非点源污染产生机理

非点源污染产生主要包括地表降雨径流、土壤泥沙侵蚀、污染物迁移转化等物理过程。降雨径流过程是累积在流域地表的污染物受到降水的冲刷作用，通过径流的方式与泥沙进行迁移，在陆地坡面产生污染负荷，随后进入水体的过程；土壤侵蚀和泥沙输移是非点源污染物在河道内的迁移转化过程；污染迁移与转化是径流在坡面土壤颗粒相互作用导致土壤泥沙流失及所附着污染物流失的过程。

农业非点源污染主要是化肥、农药等农用化学品的不合理使用，使过量的污染物在土壤中积累造成的。它在降水、径流、侵蚀等自然因素的作用下，导致污染物的迁移转化，使污染物从土壤向其他环境特别是水环境扩散。农业非点源污染的产生与降水、径流、侵蚀、入渗等自然过程密不可分。农业生产过程中积累在土壤中的氮、磷、农药等化学物质会随着自然过程进行迁移、转化和扩散，造成农业非点源污染。

农业非点源污染既有自然根源，也有社会经济根源。从自然根源来看，农业非点源的主要污染物包括氮、磷、硝酸盐、农药等。地表径流携带着土壤细颗粒，土壤侵蚀与地表径流相互作用加剧了土壤养分的流失，即溶解在径流中的可溶性营养物质随地表径流发生流失；泥沙颗粒对表面养分的吸收和结合，会将水体中的部分可溶性污染物的悬浮颗粒释放出来。土壤与径流、土壤养分与泥沙迁移的相互作用使土壤营养物质流失问题更加复杂。从社会根源来看，农业非点源污染的社会经济机制效应也很明显。首先，为了追求个人经济利益最大化，过度利用农业资源导致个人利益最大化与社会利益最大化之间的偏差，这与点源污染的形成机理是一样的；其次，农业收入相对较低，人地矛盾突出导致农业生产经营方式粗放；最后，经济政策、制度引导、落后的农业生产技术和生产方式是农业非点源污染的主要驱动力。

1.2　农业非点源污染研究的重要背景与意义

1.2.1　农业非点源污染研究的重要背景

农业非点源污染是指在农业生产中，化肥、农药、农膜、饲料、兽药等农用化学品不合理使用，以及对畜禽粪便、作物秸秆、农村生活垃圾和生活污水等不及时或不适当处理，导致的农村环境污染。

随着我国社会经济不断发展和人口持续增长，水环境污染问题日益严重，水污染已经成为当前面临的主要环境问题之一。当前我国工业点源污染排放已经得到了一定程度的控制与治理,然而由非点源污染引起的水环境问题却日益突出,其中农业非点源污染所占的比重最大。据第二次全国污染源普查资料显示,在我国主要污染物排放量中,农业源占大部分,我国农业生产(包含种植业、畜禽养殖业和水产养殖业)排放的氮、磷等主要污染物的量已远超工业源,与生活源相当,成为首要污染源。农业源与生活源中非点源污染物排放依然占比很大。国外对非点源污染的研究起源于 20 世纪 60 年代左右,经过几十年的发展,在非点源污染特征、机理、模型与控制等方面已经形成了较为成熟的研究体系。相较于国外,我国对非点源污染的研究较晚,始于 20 世纪 80 年代的湖泊富营养化调查,90 年代后才开始活跃,研究对象主要聚集在海河流域、三峡库区、太湖流域、滇池流域等区域,并对城市非点源污染开始研究,主要通过经验模型、国外机理模型及改进方法等从时间尺度和空间尺度上对目标区域进行研究。

我国的化肥和农药施用量在近年来呈现急剧增长趋势,而且化肥利用率较低,加上畜禽养殖业的快速发展和农村生活水平的提高,大量的农田养分、畜禽粪便和农村生活污水随降雨径流、农田灌溉排水、土壤渗漏等途径进入水体。与此同时,能截留污染物质的缓冲带却在迅速退化,农业非点源污染极易导致水体富营养化,危害水生生物生长;而且农业非点源污染中可溶性的污染物下渗会严重威胁地下水的安全,进而危害人们的身体健康和生活质量。这使得我国的农业非点源污染治理形势变得十分严峻。

党的十八大以来,党中央、国务院把生态文明建设和生态环境保护摆在更加突出的位置。党的十九大报告中强调,农业、农村、农民问题是关系国计民生的根本性问题,必须始终把解决好"三农"问题作为全党工作重中之重;提出坚持农业、农村优先发展,实施乡村振兴战略。2018 年中央一号文件《中共中央　国务院关于实施乡村振兴战略的意见》明确指出:"加强农村突出环境问题综合治理。加强农业面源污染防治,开展农业绿色发展行动,实现投入品减量化、生产清洁化、废弃物资源化、产业模式生态化。推进有机肥替代化肥、畜禽粪污处理、农作物秸秆综合利用、废弃农膜回收、病虫害绿色防控。"在 2018 年 3 月 17 日出台的《国务院机构改革方案》中,将监督指导农业非点源污染治理职责划归到新组建的生态环境部的职责中。2020 年 10 月召开的党的十九届五中全会提出推进化肥、农药减量化。因此对生态环境部门来说,摸清我国农业非点源污染现状,绘制全国高分辨率农业非点源污染地图,为分析非点源污染产生的时间和空间特征,识别其主要来源和迁移路径,估算非点源污染产生的负荷及其对水体的影响提供技术支撑,并可以评估土地利用的变化以及不同的管理与技术措施对非点源污染负荷和水质的影响,为流域规划和管理提供决策依据。

1.2.2　农业非点源污染研究意义

水污染是我国面临的主要环境问题之一。我国幅员辽阔,水资源空间异质性显著,缺水性水污染已成为经济和社会发展，尤其是农业稳定发展的主要制约因素。《2019 年中国生态环境状况公报》显示，2019 年全国地表水监测的 1 931 个水质断面中，Ⅰ～Ⅲ类水质断面占 74.9%；劣Ⅴ类占 3.4%。黄河流域、松花江流域、淮河流域、辽河流域和海河流域整体为轻度污染。大量的污染物排入水体，使得本来就短缺的水资源丧失了原有功能，进一步减少了水资源的可利用量，加剧了水资源短缺情势。

随着农业的发展，特别是化肥和农药的过量使用造成大量化肥和农药随降水或灌溉用水流入水域，非点源污染负荷所占比重逐年增加。在许多地区，非点源污染负荷已经超过点源污染负荷，成为水体污染的主要来源之一。《第二次全国污染源普查公报》显示，2017 年农业源水污染物排放量中，COD 为 1 067.13 万 t，氨氮为 21.62 万 t，总氮为 141.49 万 t，总磷为 21.20 万 t。其中，畜禽规模养殖场水污染物排放相对易于控制，可作为点源污染进行管控，但其余的农业源 COD、氨氮、总氮和总磷排放量分别为 462.30 万 t、14.12 万 t、104.49 万 t 和 13.16 万 t，占农业源的 40%～75%，污染物排放管控难度相对较大。

流域水环境污染问题，是我国现阶段社会、经济、环境可持续发展面临的一个重大挑战。近年来，随着社会经济的快速发展和城市化进程的加快，越来越多的工业、生活和农业排放物进入河流中，导致河流水质污染和恶化，水资源需求与供给之间的矛盾不断加剧。我国是农业大国，也是世界上化肥、农药使用量最多的国家，但化肥的利用率并不高。研究表明，我国农业生产中磷肥的利用率仅为 10%～25%，而氮肥的利用率为 30%左右，近 70%的化肥进入水环境和返回大气环境。由于化肥的过度施用和较低的利用率，地表水富营养化及地下水硝酸盐含量上升，导致非点源污染日益加剧，对生态环境及人类健康造成严重危害。

农业集约化程度高，农事活动中化肥与农药的过量使用一方面促进了农业增产；另一方面也造成大量化肥和农药通过径流过程汇入受纳水体，引起水体污染物浓度上升，给当地生态环境带来严重的负面影响。农业非点源污染物的产生和排放主要取决于化肥施用强度、生活污水处理程度、畜禽养殖管理、降雨径流、土地利用结构等因素的综合影响，具有迁移过程复杂性、随机性、不确定性、滞后性、时空异质性等特点。上述几个特点决定了非点源污染的防控难度很大，针对点源污染控制使用的末端治理措施无法有效地控制非点源污染。从非点源污染控制角度而言，源头控制是根本，在我国污染构成由点源污染为主转变为非点源污染为主的新形势下，如何有效地开展非点源污染定量溯源工作，定量研究不同污染源对水体非点源污染的贡献，为非点源污染源头控制政策的制定提供技术支持，是当前水污染管理中非常迫切需要开展的工作，具有重要的现实意义。

1.3　农业非点源污染模型研究

农业非点源污染模型通过对区域内化肥、农药流失，畜禽养殖等造成的非点源污染物时空迁移规律进行定量模拟分析，可以用于解析污染物的主要来源以及评估污染排放的水生态环境效应。非点源污染经历从农田到水体的动态过程，因而机理模型主要由径流过程、土壤侵蚀过程、污染物迁移转化过程模拟 3 大模块组成。径流过程模拟属于水文过程模拟，主要涉及径流曲线（SCS）模型、Stanford 模型、新安江模型等，其中，SCS模型综合考虑空间异质性对径流的影响，模型结构简单，所需参数少，且对于较小集水区径流量的计算精度较高，被广泛应用于 SWAT、CREAMS、EPIC、AnnAGNPS 等模型中的径流计算；土壤侵蚀过程与农业非点源污染密切相关，可通过 USLE、RUSLE、WEPP等模型计算氮、磷流失量和土壤侵蚀量，RUSLE 扩展了土壤侵蚀因子的范围，考虑了冻融作用对土壤侵蚀量的影响；作物生长过程中所需的氮、磷等营养物质通过地表径流和地下淋溶方式迁移入河，在迁移过程中也会发生形态的转化。

1.3.1　农业非点源污染模型分类

按照计算原理不同，非点源污染模型可以划分为集总式和分布式。集总式模型是将污染过程的各参数因子进行空间上的均一化处理，将整个研究区域视为一个对象，对空间异质性考虑不足，数据的需求量小，更适用于农田尺度的非点源污染核算，模型如CREAMS、EPIC；分布式模型是把流域细分为多个连续的汇水单元，不同单元的因子也不同，分析流域下垫面变化后的产汇流变化规律，可以较为准确地模拟和详细反映流域内的自然过程，模型包括 AnnAGNPS、AGNPS、SWAT、HSPF 等。其中，SWAT 和 HSPF属于机理模型，对产汇流过程描述相对全面，模拟精度高，但模型结构复杂，对输入数据的需求量大，参数率定运算的耗时较长，更适用于基础数据翔实的流域尺度非点源污染核算。另外，二元结构模型作为半分布式模型，对复杂的机理过程进行了适当简化，机理过程相对完善，它通过产汇流和侵蚀过程模拟来估算污染负荷，数据需求量适中，既能够在大尺度的非点源核算中有效减少运算耗时，也能够对不同区域、流域细分出本土化的、空间差异性的因子，有效提高模拟结果的空间异质性特征。输出系数模型通过对各子流域应用的平差作用，提高了整个流域范围的适用性，可作为一种快速处理农业非点源污染研究的有效途径。

非点源污染模型按照模拟空间尺度的不同，可划分为田间尺度和流域尺度两类；按照模拟的时间尺度，可划分为单次暴雨径流模拟和长期序列径流模拟两类，模型时间步长可依据问题需求设置为年、月、日。时空尺度是影响非点源污染模型应用的首要因素，田间尺度模型多为早期模型，以农田为研究对象，适合面积约 5 hm^2 的典型区域，如

CREAMS、EPIC 等；流域尺度模型应用于下垫面特征复杂、范围较大的区域，流域面积一般在 10～5 000 km²，其中 AnnAGNPS、AGNPS 等适用于流域面积不超过 3 000 km² 的中小流域，SWAT、HSPF、二元结构模型等可用于大流域模拟，甚至国家尺度范围模拟。我国非点源污染模拟起步晚，大数据基础薄弱，下垫面特征差异明显，采用二元结构模型可较好预测大尺度农业非点源污染负荷，而对数据精度高的流域宜采用 HSPF、SWAT 或 AnnAGNPS 模型，这些模型对污染物时空迁移转化规律的刻画更清晰。

按照模型开发历史的不同，非点源污染模型可以划分为初期、发展期、应用推广期三个时期。在模型开发的初期，模型能够方便地利用化肥、农药等因素定量计算非点源污染负荷，但难以描述污染物迁移转化机理和途径；在模型开发的发展期，模型以水文学理论为基础，能够详细描述流域污染转化机理和途径，可以模拟长期连续污染过程，在这一时期出现了一大批典型模型，如 CREAMS、HSPF、二元结构模型等，但模型对具体环境问题的解析能力和空间变化规律解析程度有限；在模型的应用推广期，模型侧重于耦合多源技术，以解决具体问题或对具体模块进行改进，结合可视化工具，能够提供综合环境-经济分析、综合方案优化等，如 BASINS、DPeRS、SWAT 等。

1.3.2　农业非点源污染模型特征对比

模型遴选是模型应用的基础，不同的模型模拟结果差异明显，需综合考虑模型机理、地域特性、基础数据获取程度等因素进行综合判断。不同时期应用广泛的代表性模型呈现不同的适用特征。CREAMS 模型是集总式模型的典型代表，可视为复杂模型开发研究的基础，主要用于研究田间尺度氮、磷迁移转化规律，该模型对非点源污染的水文过程、土壤侵蚀过程和污染物迁移转化过程进行了系统整合，由于未考虑地形、土地利用状况等下垫面差异，模型对基础数据的需求量相对较小，方法简便易行；但同时模型采取了空间均一化处理，使得模拟结果的空间精度较低，仅适合田间尺度污染物流失的粗略预测。AGNPS 模型对径流量和污染物的计算与 CREAMS 模型一致，但土壤侵蚀量采用改进的通用土壤侵蚀方程 RUSLE 计算；AGNPS 模型采用均等分法划分单元，是单事件模型，存在应用局限性。AnnAGNPS 模型按照流域下垫面特性划分单元，是一种连续模拟模型。SWAT 和 HSPF 模型是国外目前应用最广泛的流域非点源模型，其对于水文和污染传输过程的机理刻画更充分，模拟精度较高，但结构复杂，对数据资料等要求高，这也带来了模型参数率定和校准时间过长的弊端。二元结构模型适用于大尺度非点源污染估算，其充分考虑了土壤类型、地形因素、降水气象条件、土地利用方式与开发强度等因素的影响，基于自然修正系数和社会修正系数，估算溶解态和吸附态氮磷的污染负荷。常用代表性模型的对比见表 1-1。

表 1-1 不同时期农业非点源代表性模型特征的对比分析

代表模型	开发时期	参数形式	时间尺度	空间尺度	模型结构	灵敏度	数据要求	参数选取	率定与验证	优点	不足
CREAMS	20世纪80年代	集总式	日	田间	(1) SCS水文模型; (2) USLE	低	较低	降水、水文、土壤侵蚀等	时间序列图、线性回归法和纳什模拟系数法	方法简便易行、数据需求量小	未考虑地形、土地利用状况等下垫面差异
EPIC	20世纪80年代	集总式	日	田间	(1) SCS水文模型; (2) RUSLE	中	较低	气候、水文、侵蚀、植物生长、土壤温度和耕作等	线性回归法和纳什模拟系数法	方法简便易行、数据需求量小、优化土壤侵蚀模块	采用空间均一化模型因子、导致空间异质性考虑不足
HSPF	20世纪80年代	分布式	日	流域	Stanford水文模型	高	高	气象、土地利用及污染源数据。气象数据包括每小时降水量、蒸发量、日平均气温、平均风速及太阳辐射等	时间序列法、线性回归法、误差分析法以及纳什效率系数	可模拟大尺度复杂子流域大小;可调整应单元文对冬季流的模拟具有优势	对复杂流域或水体的模拟效果较差
SWAT	20世纪90年代	分布式	日	流域	(1) SCS水文模型; (2) RUSLE	高	较高	DEM、水文、气候、植被覆盖、土壤数据等	线性回归法和纳什模拟系数法	可模拟大尺度复杂流域的水文、泥沙对污染物迁移的影响、机理全面	对基础数据的要求较高、同时运算耗时长
AnnAGNPS	21世纪前10年	分布式	日	流域	(1) SCS水文模型; (2) USLE	高	较高	地理空间数据、气象数据、土壤属性数据、作物管理数据和监测数据等	线性回归法、纳什模拟系数法和误差分析法	优化划分单元方式、可用于流域管理措施研究	不适合大尺度流域模拟
输出系数模型	21世纪前10年	集总式	年	流域	基于统计学的数学模型	中	较低	入河系数、源负荷、降雨等	误差分析法	参数少且意义简单、模型运算快速	各输出系数物理意义大缺、对系数确定要求高
二元结构模型	21世纪前10年	半分布式	月	流域	(1) 二元结构溶解态模型; (2) USLE	较高	中	植被覆盖、土壤、降水、土地利用等	误差分析法	可应用数据或区域内部基础数据差异性大的区域	模拟准确性相对较低

1.4　农业非点源污染国外研究进展

国外较早就认识到了农业非点源污染的危害，对农业非点源污染研究进行技术方法改进或模型自主研发，并采取最佳管理实践（BMPs）、最大日负荷总量（TMDL）等手段，加强非点源污染水体管控，从而有效控制了农业非点源污染蔓延，积累了不少经验。

美国、日本、欧盟等发达国家和地区，以及经济合作与发展组织（OECD）均已研究证实，农业非点源污染是导致全球水环境恶化的主要原因之一。其中，美国的非点源污染排放量占江河的水环境污染总量的 2/3，而农业非点源贡献率超过 70%；荷兰农业非点源对水环境污染贡献率为 40%～60%；丹麦于 1988 年启动了国家水产监测和评估方案（NOVA），旨在将水环境中的氮负荷减少 50%，磷负荷减少 80%，有效控制流域非点源污染。

Kronvang B 等（2005）研究 NOVA 数据发现，丹麦 1989—2002 年水生环境的点源排放总氮和总磷分别削减了 69% 和 82%，大多数丹麦湖泊和河口的磷浓度显著降低，但农业仍然是丹麦溪流、湖泊和沿海水域氮（＞80%）和磷（＞50%）的主要来源。

Jeon J 等（2007）将狄拉克函数加入改进的 HSPF 模型，并验证了 HSPF-Paddy 模型的有效性，使各种水田和流域的污染负荷核算准确率明显提高，被推荐应用于农田种植区的流域管理和最佳管理实践的效果评价。

Parajuli P B 等（2009）比较了 AnnAGNPS 和 SWAT 单独校准和验证流域的水文、泥沙和总磷模拟结果，并在红岩溪流域进行校准，在鹅溪流域进行验证，结果显示，SWAT 模型对地表径流和产沙量的模型效率更好（R^2：0.50～0.89；均方根误差：0.47～0.73），更适合该流域。

Fu C 等（2014）针对加拿大地盾南部集水区土壤入渗率高、地表水流生成量小等特点，通过改进传统 SWAT 模型基岩渗流和渗透模块方法，SWAT-CS 模型中纳什系数值提高 0.06～0.27。

Sharma A 等（2019）利用 Rajdhanwar 站点 1998—2005 年的月径流及产沙量数据校准了 SWAT 模型的参数，预测了 Maithon 水库泥沙、总氮和总磷流失情况，结果表明土壤养分的主要来源是农田，污染负荷与降水量相关，可能导致水库水污染、富营养化和其他环境问题。

Hasler B 等（2019）对丹麦利姆峡湾流域采用空间成本最小化流域模型（TargetEconN），确定了不同减载目标下氮减排措施在峡湾的最优空间分配，结果表明，氮截留的空间异质性可使氮减排降低约 25% 的成本，而不确定性和错误识别可能会导致个别农民的成本上升，但不考虑保留期的差异对农业界的代价更大。

Malik W 等（2020）针对西班牙 Violada 流域，通过改良 SWAT 和农业技术转移模型决策支持系统（DSSAT）评估田间规模测试的 BMPs 情景，结果显示，组合 BMPs 方案在降低 NO$_3$-N 负荷（51%）方面比单独推荐施氮量（36%）和单独推荐最佳灌溉量（12%）更有效，在保持或提高所有作物产量的情况下，灌溉总水量和氮肥施用量分别减少了 5% 和 27%。

Bajouco R 等（2020）以草地牧场施肥对 Azores 群岛非点源磷解吸为例，通过磷饱和度（DPS）和平衡溶液中的磷浓度评估磷流失的风险，发现可提取无机磷最高值低于环境阈值，且土壤 DPS 值未超过 25%，表明土壤中磷解吸可能不是 Azores 群岛水体富营养化的主要原因。

Srinivas R 等（2020）基于 GIS 的非点源污染多元回归模型，土地覆盖率与关键水质参数呈正相关。利用 Mann-Kendall 试验进行温度趋势分析，发现农业流域排放的非点源污染会导致河流温度呈上升趋势，并确定了非点源污染造成的最大污染水体附近的最低高程点（出口），从而提供了农业径流是河流中氮和磷化合物浓度增加的主要原因的具体证据。

Shrestha N K 等（2021）基于 SWAT 和 AGNPS 模型识别加拿大安大略省流域非点源污染，利用高分辨率空间、农田和土地管理以及气象数据集建立模型，并根据多个地点的河流、泥沙和磷浓度数据进行合理的精度校准。结果表明，基于模型的正确识别关键源区（CSA）与基于航拍的 CSA 在潮湿和干燥土壤水分条件下的定性验证显示，SWAT 模型的拟合程度性能稍好，AGNPS 模型的预测能力更高。

1.5　农业非点源污染国内研究进展

我国非点源污染的研究较晚，始于 20 世纪 80 年代的湖泊富营养化调查，90 年代后才开始活跃，研究对象主要聚集在海河流域、三峡库区、太湖流域、滇池流域等区域，并对城市非点源污染开始研究，主要通过经验模型、国外机理模型及改进方法等在时间尺度和空间尺度上对目标区域进行研究。

在模型应用过程中，研究人员通过模拟结果与实测数据比对分析，对模型算法、参数率定和校准验证过程进行系列优化，使模型在融雪径流、土壤侵蚀等模拟上更具地区特色，某些关键参数校准有较大提升；同时将非点源污染模型与环境-经济模型以及 GIS-RS 功能模块进行耦合优化，提高了模型的模拟精度。

郝芳华等（2006）参照线性概化方式，搭建二元结构模型估算全国 10 个一级水资源流域。结果显示，我国流域氮、磷污染入河总体呈现南多北少、东多西少的分布特征，非点源污染物 COD、总氮、总磷和氨氮的入河量分别为 6.65×10^6 t、3.28×10^6 t、1.56×10^6 t 和 0.83×10^6 t，珠江流域单位面积非点源污染总氮、总磷居第一，入河总量仅次于长江。

程红光等（2006）采用二元结构模型估算非点源污染负荷，结果显示农业生产是黄河流域氮磷非点源污染的主要来源，分别占 50%和 64%，非点源污染负荷总磷和总氮的已超过点源污染负荷。

梅立永等（2007）以珠江流域西丽水库流域为研究对象，对 HSPF 模型不同模块参数进行了灵敏度分析。结果显示地下水回归率、土壤下渗能力、雨滴溅蚀、坡面漫流等参数对模拟拟合程度影响较大，而污染物氮、磷负荷主要来源于农业化肥流失，减少化肥使用量可以有效减少非点源污染负荷。

Wang X 等（2011）利用国家水资源综合规划与调查项目，以二元结构模型估算长江流域非点源污染负荷，结果显示 76.8%溶解态总氮和 86.4%溶解态总磷来自农田，长江三角洲、汉江下游及洞庭湖、太湖、鄱阳湖流域溶解态污染物负荷均较高，吸附态氮、磷负荷主要集中在长江中上游。

You Y Y 等（2012）对地形平坦、河网复杂、受多种水利系统控制的潮滩地区的非点源负荷进行了模拟，发现计算结果与实测的总磷、总氮浓度呈极显著的线性相关，旱地对非点源氮磷的影响最大，稻田次之，林地对非点源氮、磷的影响最小。

Wang X 等（2012）基于二元结构模型构建遥感分布式非点源污染估算模型（DPeRS），模拟发现新安江流域溶解态和吸附态的农业非点源污染负荷与人类活动有关的农业径流、畜禽养殖、城市径流和农村居民点相关，结果显示农业径流造成的污染物排放占比为 68%。

Zhang P 等（2013）以北京市密云水库上游流域为研究对象，采用 SWAT 和 CLUE-S 模型，模拟不同土地利用情景下的污染负荷。结果表明，不同情景下的土地利用结构变化对非点源污染负荷影响显著。果园的增加和森林覆盖率降低，会导致氮、磷污染负荷分别增加 5.27%和 4.03%，未来在加强非点源污染控制情景下，通过建立河岸植被缓冲区和实施森林恢复措施，可使氮、磷污染负荷分别下降 13.94%和 9.86%。

王雪蕾等（2015）基于 GIS-RS 功能对巢湖流域非点源污染进行模拟，定量化描述巢湖农业非点源污染负荷。结果表明氨氮负荷主要集中在巢湖西北部地区，与施肥量和人口数量关系密切，一定程度上突破了模拟精度限制，克服了传统模型需要极大数据量且难以收集的问题。

童晓霞等（2015）以手动试错法和动态蚁群算法率定 SWAT 模型参数，模拟分析赣抚平原灌区非点源氮、磷污染负荷的迁移转化规律，经模拟结果计算的纳什系数等评价指标优于相关评价标准，模拟精度良好。

庞树江等（2017）构建氮输出系数模型，利用增强回归树模型对密云水库潮河流域进行模拟，确定总氮流失的关键影响因子，结果显示，改进输出系数模型模拟精度明显高于传统输出系数模型，相对误差降低 10%以上，人为因素是潮河流域总氮流失的主要影响因素，氮肥施用和畜禽养殖对潮河流域总氮流失影响最大，分别达到 54.74%和 17.48%。

Liu Y 等（2019）利用农业调查数据对全国非点源污染形势进行了深入分析，结果显示，2007—2016 年由于采取"测土配方施肥"和"减量施肥，提高效率"的减排策略使得总氮流失呈总体下降趋势，人为因素和自然条件对总氮流失的贡献系数分别为 0.934 和 –0.137，化肥用量和化学农药用量是影响总氮流失的主要驱动因素，贡献系数分别为 0.958 和 0.946，人为因素对总氮流失的影响大于自然条件，主要与过量施用化肥有关，并预测在高总氮损失情景下，2050 年中国将极有可能面临种植业总氮损失增加的风险。

Yang D 等（2020）将新安江模型和 SWAT 模型结合形成 EcoHAT 模型，利用遥感数据计算松花江流域内农业非点源污染分布特征。通过耦合多个不同的非点源污染模型，利用优化模块评估各模型间准确性，最终得到非点源污染负荷贡献量，可以多层面识别农业非点源特征及影响。

Zhang S 等（2020）通过对嘉陵江流域李子溪进行研究表明，在历史气候条件下甘薯对李子溪流域氮、磷流失的控制效果最好，小麦、玉米种植则产生较大的氮、磷流失，而施肥量每增加 10%，氮、磷流失分别增加 1%和 4%，为区域土地利用管理规划提供了参考。

Chen Y 等（2021）在北京市平谷区进行豌豆、玉米、桃三种作物的轮作试验，通过物质流分析（SEA）加深了对平衡养分肥料的认识。研究结果表明，施用平衡养分肥料能满足作物最佳生长所需的养分，使作物增产 3%，并大大减少化肥对土壤的负面影响，削减氮（35%～88%）、磷（69%～93%）、钾（8%～82%）等养分施用量，可以有效减少农业非点源污染。

1.6 我国农业非点源污染防治面临的问题及挑战

1.6.1 农业非点源污染防治面临的问题

尽管针对农业非点源污染模型以及农业非点源核算的研究已经取得一定进展，制定了切实有效的农业非点源污染管控措施，但农业非点源污染问题还没有从根本上得到完全解决，农业非点源污染的管控仍将是一项长期复杂的工程，也将成为未来生态环境领域研究的重点和难点。总体来讲相关工作还存在以下不足：

（1）我国农业非点源污染管控研究相对薄弱，关注度较低

国外农业非点源污染研究在理论和实践上都比较成熟，它们综合利用法律、经济激励、技术引导、公众参与等措施，以及发展生态农业、加强政府财政投入和机构管理、加强农产品质量监测等措施对农业非点源污染进行管控。而国内农业非点源污染的管控还没有引起国家和民众的广泛关注，目前仅停留在理论探讨阶段，结合我国国情系统深入地针对农业非点源污染的经济分析及管控措施的研究还很少，尤其是从实证角度的研

究更少。仅有少数学者进行了相关尝试，但是研究方法单一，研究内容零星、孤立，不能形成完整的管控体系。

（2）农业非点源污染检测手段落后，无法准确确定非点源污染物入水体负荷

现有技术手段很难对农业非点源污染准确检测，无法确定污染行为和损害后果之间的因果关系，更无法确定每一个污染主体的责任，使污染管控体系的构建缺乏基础和依据。农业非点源污染物入水体负荷不清，也使得后期的农业非点源污染治理工作面临较大挑战。

（3）国内非点源污染模拟模型研发力度不够

目前国内对非点源污染负荷的模拟研究主要以国外主流模型为工具，尚未充分考虑模型机理与我国不同流域环境特征的匹配程度；我国地域辽阔，下垫面差异明显，涉及丘陵、平原、沙漠、高原等不同环境，而不同模型具有不同模拟尺度及其优、缺点，系统研发适用于中国不同流域的农业非点源模拟模型将是一项人力、物力投入巨大的工程，面临研发成本极高、模拟结果不确定等系列问题，模型机理须系统考虑不同湿润地区、不同湿润季节等因素对最终模拟结果的影响，使得相应研发工作面临极大的挑战。

（4）非点源模型应用的标准化水平不高

目前 SWAT 模型在非点源污染核算中应用最为广泛，但同时其对输入数据的要求也相对最高，不同使用者在进行数据处理、参数调整、模型设置上存在不同倾向，严重影响模拟结果的可比性、参数的适用性。另外，目前关于模型模拟输入的基础数据库、相关参数、适用特征、计算流程等规范化工作尚未完成，例如，环境背景数据（土壤特征、河流水系、地形地貌）、模型驱动数据（气象资料、降雨数据）、污染源数据（源分布、排放量）、水文水质数据等掌握在不同的管理部门手中，数据格式也并不统一，亟须整合现有数据并规范模型的操作使用和相关参数设置，提升模型应用的标准化和规范化水平。

（5）农业非点源污染控制与管理技术手段还比较缺乏

我国农业以小规模分散经营为主，管理粗放、污染分散，现有政策体系中缺少针对农业非点源污染的管理规范和技术应用准则，农业非点源污染管控方式单一，主要采取命令控制型的管控措施，而经济激励、技术引导、公众参与等管控措施较少应用在实际工作中。政府在财政投入、发展生态农业，以及加强农产品质量安全方面还没有采取相关的配套措施，减少和预防农业非点源污染在我国仍任重道远。此外，对非点源污染关键控制技术的研究未成体系，关键控制技术的设计和运行还没有形成系统的应用规程或指南，BMPs 被证明是最有效的非点源污染治理方法之一，虽然现阶段已开展了一些 BMPs 模拟与优化研究，包括污染物削减分析、管理措施优化配置和成本效益分析等，但是目前仍然缺少 BMPs 的模型研究以及与实际监测数据的结合，缺乏 BMPs 相关参数系数的

数据库支撑。

1.6.2　农业非点源污染未来研究趋势

基于农业非点源污染模型研究进展以及模型在机理、方法、规范化、参数系数等方面的不足，未来研究趋势包括以下几个方面：

（1）农业非点源污染机理过程的参数化研究

基于不同尺度农业非点源模型机理研究，将不同污染物的迁移转化过程和入水体过程参数化，并将其纳入模型代码和模型基础库中，从而丰富和完善对农业非点源污染过程的刻画。

（2）开发基于遥感技术的大尺度非点源模拟模型

我国不同地域下垫面差异明显，需根据模型遴选原则，优化改进或替换模型特定区域的计算过程，形成多方向耦合模型，加强中大尺度模型创建，延伸时间模拟尺度，拓宽空间尺度范围，多方位解析生态环境综合问题，并进一步加强区域协同治理。

（3）农业非点源模型法规化和标准化应用研究

根据模型特征及适用条件，尽快启动非点源模型法规化与标准化建设工作，加强开展不同流域特征与适用模型间的匹配分析，针对非点源污染物入水体流失过程、流失风险期不清，入水体贡献存在较大争议的问题，建立入水体负荷评估法规方法，同时，规范并完善法规模型的操作技术文档与用户手册，并建立非点源污染法规模型与验证案例库，逐步建立完善非点源污染法规模型体系。搭建国家尺度非点源污染大数据平台，建立共享数据库，从规范数据来源、规范数据格式的角度进一步促进非点源污染模型的规范使用，形成规范准则。重点开展国家重大基础科技数据项目扶持，收集整理不同区域、不同流域的重点、重要应用案例信息，集成建设国家层面非点源参数系数库。

（4）BMPs 最佳管理措施的深化研究与应用

加强国家尺度农业 BMPs 的相关数据库构建工作，形成农业 BMPs 技术管理清单和数据库，包括工程性措施、技术管理措施、经济保障措施的详细参数数据，形成相应的监督管理机制和模拟应用。

（5）构建非点源污染模拟与基础数据信息化平台

在长江生态环境保护修复和黄河流域生态保护与高质量发展战略的大背景下，以流域为主要划分依据，划分相关支流范围，推进模型应用、模型耦合优化、GIS-RS 辅助技术等，搭建非点源模型水文水质、土壤侵蚀和污染物迁移转化过程的流域可视化智慧应用平台，开发完善与非点源模拟相关的信息系统，使模拟结果更加多元化，为生态环境管理提供重要的决策参考。

参考文献

Bajouco R，Pinheiro J，Pereira B，et al. 2020. Risk of phosphorus losses from Andosols under fertilized pasture[J]. Environmental Science and Pollution Research，27（16）：19592-19602.

Berndt M E，Rutelonis W，Regan C P. 2016. A comparison of results from a hydrologic transport model（HSPF）with distributions of sulfate and mercury in a mine-impacted watershed in northeastern Minnesota[J]. Journal of Environmental Management，181：74-79.

Chen Y，Hu S，Guo Z，et al. 2021. Effect of balanced nutrient fertilizer：A case study in Pinggu District，Beijing，China[J]. Science of The Total Environment，754：142069.

Dong Z，Liming L，Huirong Y，et al. 2017. A national assessment of the effect of intensive agro-land use practices on nonpoint source pollution using emission scenarios and geo-spatial data[J]. Environmental Science and Pollution Research International.

Fu C，James A L，Yao H. 2014. SWAT-CS：Revision and testing of SWAT for Canadian Shield catchments[J]. Journal of Hydrology，511：719-735.

Guo Y，Peng C，Zhu Q，et al. 2019. Modelling the impacts of climate and land use changes on soil water erosion：Model applications，limitations and future challenges[J]. Journal of Environmental Management，250.

Hanh N H，Friedrich R，Wayne M，et al. 2019. Comparison of the alternative models SOURCE and SWAT for predicting catchment streamflow，sediment and nutrient loads under the effect of land use changes[J]. The Science of the Total Environment，662.

Hasler B，Hansen L B，Andersen H E，et al. 2019. Cost-effective abatement of non-point source nitrogen emissions-The effects of uncertainty in retention[J]. Journal of Environmental Management，246：909-919.

Jeon J，Yoon C G，Donigian A S，et al. 2007. Development of the HSPF-Paddy model to estimate watershed pollutant loads in paddy farming regions[J]. Agricultural Water Management，90（1-2）：75-86.

Kronvang B，Jeppesen E，Conley D J，et al. 2005. Nutrient pressures and ecological responses to nutrient loading reductions in Danish streams，lakes and coastal waters[J]. Journal of Hydrology，304（1-4）：274-288.

Li M，Fu Q，Singh V P，et al. 2020. Managing agricultural water and land resources with tradeoff between economic，environmental，and social considerations：A multi-objective non-linear optimization model under uncertainty[J]. Agricultural Systems，178：102685.

Liang K，Jiang Y，Qi J，et al. 2020. Characterizing the impacts of land use on nitrate load and water yield in an agricultural watershed in Atlantic Canada[J]. Science of The Total Environment，729：138793.

Liu Y，Wang R，Guo T，et al. 2019. Evaluating efficiencies and cost-effectiveness of best management practices in improving agricultural water quality using integrated SWAT and cost evaluation tool[J]. Journal of Hydrology，577：123965.

Malik W，Jiménez-Aguirre M T，Dechmi F. 2020. Coupled DSSAT-SWAT models to reduce off-site N pollution in Mediterranean irrigated watershed[J]. Science of The Total Environment，745：141000.

Mengistu A G，van Rensburg L D，Woyessa Y E. 2019. Techniques for calibration and validation of SWAT model in data scarce arid and semi-arid catchments in South Africa[J]. Journal of Hydrology：Regional Studies，25：100621.

Parajuli P B，Nelson N O，Frees L D，et al. 2009. Comparison of AnnAGNPS and SWAT model simulation results in USDA-CEAP agricultural watersheds in south-central Kansas[J]. Hydrological Processes,23（5）：748-763.

Sharma A，Tiwari K N. 2019. Predicting non-point source of pollution in Maithon reservoir using a semi-distributed hydrological model[J]. Environmental Monitoring and Assessment，191（8）.

Shrestha N K，Rudra R P，Daggupati P，et al. 2021. A comparative evaluation of the continuous and event-based modelling approaches for identifying critical source areas for sediment and phosphorus losses[J]. Journal of Environmental Management，277：111427.

Srinivas R，Singh A P，Dhadse K，et al. 2020. An evidence based integrated watershed modelling system to assess the impact of non-point source pollution in the riverine ecosystem[J]. Journal of Cleaner Production，246：118963.

Wang X，Hao F，Cheng H，et al. 2011. Estimating non-point source pollutant loads for the large-scale basin of the Yangtze River in China[J]. Environmental Earth Sciences，63（5）.

Wang X，Wang Q，Wu C，et al. 2012. A method coupled with remote sensing data to evaluate non-point source pollution in the Xin'anjiang catchment of China[J]. Science of the Total Environment，430.

Xie H，Dong J，Shen Z，et al. 2019. Intra- and inter-event characteristics and controlling factors of agricultural nonpoint source pollution under different types of rainfall-runoff events[J]. Catena，182.

Yang D，Fei D，Jinyong Z，et al. 2020. Non-Point Source Pollution Simulation and Best Management Practices Analysis Based on Control Units in Northern China[J]. International journal of environmental research and public health，17（3）.

Yang S，Dong G，Zheng D，et al. 2011. Coupling Xinanjiang model and SWAT to simulate agricultural non-point source pollution in Songtao watershed of Hainan，China[J]. Ecological Modelling，222（20）.

You Y Y，Jin W B，Xiong Q X，et al. 2012. Simulation and Validation of Non-point Source Nitrogen and Phosphorus Loads under Different Land Uses in Sihu Basin，Hubei Province，China[J]. Procedia Environmental Sciences，13.

Zhang P，Liu Y，Pan Y，et al. 2013. Land use pattern optimization based on CLUE-S and SWAT models for agricultural non-point source pollution control[J]. Mathematical and Computer Modelling，58（3-4）.

Zhang S，Hou X，Wu C，et al. 2020. Impacts of climate and planting structure changes on watershed runoff and nitrogen and phosphorus loss[J]. Science of the Total Environment，706.

程红光，岳勇，杨胜天，等. 2006. 黄河流域非点源污染负荷估算与分析[J]. 环境科学学报，（3）：384-391.

郝芳华，杨胜天，程红光，等. 2006. 大尺度区域非点源污染负荷计算方法[J]. 环境科学学报，（3）：375-383.

蒋洪强，吴文俊，姚艳玲，等. 2015. 耦合流域模型及在中国环境规划与管理中的应用进展[J]. 生态环境学报，24（3）：539-546.

李文超，翟丽梅，刘宏斌，等. 2017. 流域磷素面源污染产生与输移空间分异特征[J]. 中国环境科学，

37（2）：711-719.

刘庄，晁建颖，张丽，等．2015．中国非点源污染负荷计算研究现状与存在问题[J]．水科学进展，26（3）：432-442.

梅立永，赵智杰，黄钱，等．2007．小流域非点源污染模拟与仿真研究——以 HSPF 模型在西丽水库流域应用为例[J]．农业环境科学学报，（1）：64-70.

庞树江，王晓燕．2017.流域尺度非点源总氮输出系数改进模型的应用[J].农业工程学报，33（18）：213-223.

生态环境部．2019 年中国生态环境状况公报[EB/OL]．https://www.mee.gov.cn/hjzl/sthjzk/zghjzkgb/202006//P020200602509464172096.pdf.

生态环境部，国家统计局，农业农村部．关于发布《第二次全国污染源普查公报》公告[EB/OL]. http://www.mee.gov.cn/xxgk2018/xxgk/xxgk01/202006/t20200610_783547.html.

宋国君．2019．环境政策分析[M]．2 版．北京：化学工业出版社，575.

隋媛媛．2016．东北黑土区典型小流域农业面源污染源解析及防控措施效果评估[D]．长春：中国科学院东北地理与农业生态研究所，123.

孙铖，周华真，陈磊，等．2017.农田化肥氮磷地表径流污染风险评估[J]．农业环境科学学报，36（7）：1266-1273.

孙作雷．2015．苕溪流域农业非点源污染风险评估研究[D]．杭州：浙江大学，109.

童晓霞，崔远来，赵树君，等．2015．基于改进的 SWAT 模型农业面源污染变化规律数值模拟——以赣抚平原灌区芳溪湖小流域为例[J]．长江科学院院报，32（3）：89-94.

王雪蕾，王新新，朱利，等．2015.巢湖流域氮磷面源污染与水华空间分布遥感解析[J]．中国环境科学，35（5）：1511-1519.

魏欣．2014．中国农业面源污染管控研究[D]．杨凌：西北农林科技大学，159.

吴玉博，侯保灯，仵峰，等．2018.基于面源污染的松花江下游水质评价[J]．人民黄河，40（5）：69-72.

习丽丽．2018．改进的 SWAT 模型在灌区作物冻融期径流融雪补给模拟中的应用[J]．水利规划与设计，（3）：42-44.

第2章 农业非点源排放核算与风险评估：
理论与典型方法

2.1 基本理论

2.1.1 农业非点源排放核算

20 世纪 70 年代以来，随着农业非点源污染模型的引入，国内外开展了大量的农业非点源污染排放核算研究，一是营养物质在土壤中迁移转化的机理；二是营养物质在土壤中的流失特征及影响因素；三是农业非点源污染养分损失风险评估；四是农业非点源污染控制管理政策与技术措施。

农业非点源污染排放核算范畴主要分为两种，狭义农业非点源污染专指农田种植业非点源污染，而广义的则指包括农田种植、畜禽养殖、水产养殖等农业生产以及农村生活所产生的非点源污染。在降雨或农田灌溉过程中，泥沙颗粒、氮、磷等随地表径流、土壤侵蚀和地下淋滤进入地下水或地表水中，会对水体造成污染。农业非点源污染的形成主要包括三种模式：一是土壤中的污染物或积聚在地表的污染物被降雨冲刷，并随地表径流的形成和泥沙的输移而离开地表；二是降雨对土壤的侵蚀和污染；三是污染物在地表径流的输移下向周围河流和湖泊的转化和迁移。

降雨径流是农业非点源污染输出和迁移的主要驱动力，人类土地利用等活动是农业非点源污染形成的最根本原因。不同农业非点源污染产生来源的氮、磷流失途径也不同，其中农村生活污水和畜禽养殖污水中的氮、磷流失主要是直接排入水体或随地表径流排放；农田中的氮、磷流失比较复杂，包含地表径流、土壤侵蚀和地下淋溶等多种流失方式，在流失特征上也有很大差异。农田土壤氮主要以溶解态 NO_3^- 的形式流失，在土壤中施用不同形态的氮肥后，在土壤微生物的作用下转化为 NO_3-N。土壤胶体对 NO_3^- 的吸附量甚微，因此在降雨条件下容易通过淋滤和地表径流侵蚀流入周围环境，对周围水体造成污染。磷肥施入土壤后，会逐渐转化为以不可溶为主的 Ca-P、Al-P、Fe-P 等形态的磷酸盐。溶解态 $H_2PO_4^-$ 在土壤中的迁移能力很弱，磷的流失主要通过土壤侵蚀和地表径流冲刷离开土壤进入周围环境。

2.1.2　农业非点源排放风险评估

20 世纪 90 年代，美国首次提出了较为完善的农田磷污染危险性指数（phosphorus index，PI），用于评价农田磷素流失的风险。随后在美国和欧洲不断得到应用和发展，并扩展到氮损失评估的应用。农田种植是该指标体系方法的主要应用领域，国内外广泛应用的氮、磷流失指标体系主要有磷流失指标体系、氮流失指标体系（nitrogen loss indicators，NLIs）和综合评价指标体系（GIS-based multicriteria analysis，GIS-MCA）。农业非点源污染风险评估的方法主要包括物理模型法、指标体系法和污染负荷综合评估方法。

农业非点源排放风险评估是基于不同流域内农业非点源污染氮、磷流失特征，评估不同类别农业非点源污染源的氮、磷流失风险性。以污染源和迁移转化过程构建农业非点源污染氮、磷流失风险评价体系，划分氮、磷流失风险的关键源区，分析各关键源区的非点源污染构成，为农业非点源污染氮、磷流失分区控制和治理提供依据。

（1）物理模型法

根据农业非点源污染迁移转化过程的特点，对整个过程建立数学方程进行系统模拟。物理模型法通过弱化农业非点源污染的不确定性和随机性，模拟农业非点源污染的迁移转化过程和空间分布特征，从而定量描述整个流域农业非点源污染的形成过程。因此，该方法逐渐成为国内外广泛应用的农业非点源污染研究工具。但由于数据量大、模型运算复杂、参数确定困难，该方法在应用上也有很大的局限性。尤其是在非点源污染数据库不完善的情况下，模型的应用往往难以得到准确的结果。

（2）氮、磷流失指标体系

氮、磷流失指标体系是以农业非点源污染源和迁移转化为基础，采用简单的数学计算方法，对污染源中氮、磷等营养物质进入周围水体的风险进行评价的半定量评价指标体系。指标体系法的主要功能是评价氮、磷流失的空间分布，识别氮、磷流失的关键源区，不同于模型对流域污染过程的定量描述，便于实施有针对性的控制措施。研究表明，通过对农业非点源污染重点源区进行确定，可以将有限的资源投入到对水体危害可能性最大、范围相对较小的重点区域，从而大大降低治理费用，提高治理效果，是有效控制农业非点源污染的必然途径。在大型流域氮、磷流失风险评价中，指标体系法具有数据量少、操作简单、运行周期短等优点，与模型法相比具有明显的优势。

（3）污染负荷综合评估方法

在氮、磷流失风险评估研究过程中，学者们逐步认识到氮、磷流失风险单独评估与治理的不足。土壤会减少磷的地表径流流失，但是会增加氮的土壤渗透流失，单独的治理措施容易导致较差的治理效果，所以亟待构建综合性的氮、磷流失风险评估体系。基于氮、磷流失指标体系，综合考虑地表径流、土壤侵蚀等迁移转化过程中氮、磷流失的综合评估指标情况，构建氮、磷流失综合风险评估体系，对流域的氮、磷流失风险进行综合评估，可基于 GIS 的空间多准则风险评估系统，研究氮、磷流失风险空间分布特征。

2.2 输出系数法

2.2.1 研究范围和技术路线

（1）研究范围

以流域社会经济、人口资源、农村发展、土地利用、种植业发展、畜牧业发展等数据为基础，并辅以必要的数据调查。通过对流域非点源污染物的清单分析、各来源项的污染特征分析，建立非点源污染物排放模型及分析方法。

污染物范围：首先按照不同要素进行分类预测。要素分类包括种植业、畜禽养殖业、农村生活等三部分。其中对于种植业非点源污染考虑总氮和总磷两类，畜禽养殖业和农村生活非点源污染考虑 COD、氨氮、总氮和总磷四类。

空间范围：本书主要通过收集各级空间尺度上的统计数据，之后耦合对应空间的输出系数计算出县域尺度非点源排放量。针对流域尺度非点源排放量，需将此前收集到的县域尺度统计数据按照子流域划分结果进行空间离散，确立空间匹配关系，之后分别汇总得到各子流域非点源排放量核算结果，最终将各子流域结果相加得到流域尺度非点源排放量核算结果。此外，本书计算量主要为非点源污染输出量，即种植业污染物、人畜粪便及污水等流入周围环境中的量。由于目前尚缺乏流域水文水质监测站点的数据支撑，本书尚未对非点源污染物最终进入水体量进行计算及校核。

时间范围：以年为核算时间尺度，分析年际间非点源污染排放变化趋势。

（2）技术路线

基于文献调研、模型构建，通过确定模拟指标，明确模型变量参数等工作，建立流域非点源污染流失量的模型方法；结合流域监测点位、土地利用、畜禽养殖、人口等数据的收集工作，开展基于输出系数法的流域非点源污染模拟实证研究，解析流域水污染物减排与水环境质量改善的关系。具体技术路线如图 2-1 所示。

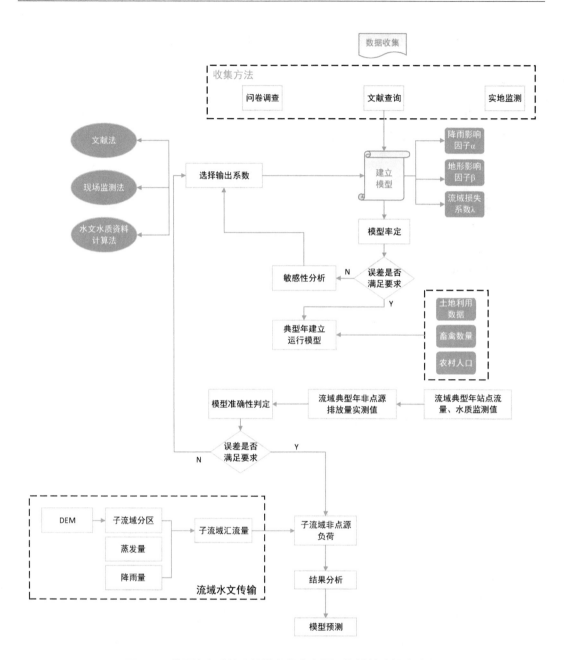

图 2-1   利用输出系数法核算农业非点源污染排放的技术路线

2.2.2   模型方法

    输出系数法核算农业非点源排放分为正向和反向两种计算思路。正向计算方法是通过所收集的各级空间尺度的统计资料对研究区内土地利用、畜禽养殖、农村人口、种植面积及结构、施肥量等数据进行统计，之后乘以各自的输出系数以及降雨、地形修正系数分别得到种植业、畜禽养殖业、农村生活源非点源污染物流失量，之后再乘以各自的流域损失系数得到非点源污染物入河量。

而反向计算方法主要是根据流域内各级水文监测站点及水质监测站点的监测数据，并根据流域上下游间水文传输关系的模型方法反推各个子流域中非点源污染物入河量。主要思路如下：

①由于水的汇流规律遵循在流域分水岭内从上游依重力流向下游，结合主要干流的水文监测数据，在汇流关系的基础上，建立流域上下游间水文传输关系（图 2-2）。

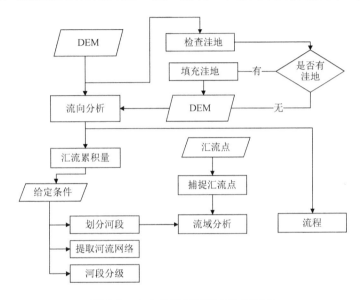

图 2-2　水文分析与汇流关系的确定

②由于水具有流动性，对于某一流域出口处的污染物组成主要来自两部分，一部分来自子流域内部自产的污染物，而另一部分则来自上游污染物的传输，而污染物又分别来自点源污染物和非点源污染物。

③对于某个子流域，分别将子流域出口处与入口处的流量和水质监测数据相乘得到污染物数量，之后用出口处污染物数量减去入口处污染物数量可以得到该子流域内部自产污染物数量。再将子流域内部点源污染物入河量进行剔除便得到该子流域非点源污染物入河量。

④以此方法类推可以计算流域内各个子流域非点源污染物入河量。

（1）改进输出系数法

针对传统输出系数法未考虑流域损失，以及对于降雨、地形、土地利用等因素变化灵敏度较差等缺点进行了改进，采用了表征降雨、地形特征、流域损失的输出系数模型，改进后的模型结构如下：

$$L = \sum_{i=1}^{n} \alpha\beta\lambda E_i[A_i(I_i)] + p \qquad (2\text{-}1)$$

式中，L——非点源污染物的流失量；

α——降雨影响因子，用来表征降雨对非点源污染的影响；

β——地形影响因子，用来表征地形对非点源污染的影响；

λ——流域损失系数，用来表征流域沿程损失对非点源污染的影响；

E_i——非点源污染物在流域第i种土地利用上的输出系数；

A_i——流域第i种土地利用类型的面积；

I_i——非点源污染物在流域第i种土地利用上的年输出量；

p——由降水输入的营养物量。

由于天然降水是轻污染水，污染物的负荷量很小，与其他非点源污染的来源相比可以忽略不计。故忽略式（2-1）中的p，表达式修正为：

$$L = \sum_{i=1}^{n} \alpha\beta\lambda E_i[A_i(I_i)] \qquad （2-2）$$

根据式（2-2）并耦合流域出口流量及水质数据可以计算出流域范围内非点源负荷总量。为进一步研究非点源污染负荷在河道内的动态传输机制，需要进行子流域划分并将流域内非点源污染负荷按照子流域进行分解，同时结合流域上下游水文传输关系模拟非点源污染物在流域内部的运移过程。

子流域划分及水文传输关系计算方法见图2-3。

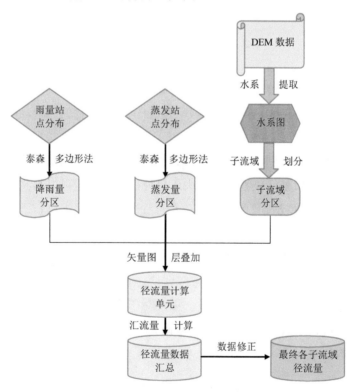

图 2-3　子流域划分及水文传输关系计算方法

①首先根据所计算流域数字高程模型（DEM）的高程数据对流域内水系进行提取，并进行子流域划分。

②将流域内雨量站点分布和蒸发站点分布（并根据实际情况进行适当插补）利用泰森多边形法划分计算单元。

③将①中形成的子流域分区与②中形成的降雨量分区与蒸发量分区进行叠加。

④对③形成的子分区中的径流量进行计算。

⑤将③中径流量再按照①中子流域分区进行径流量汇总并求得流域内径流量总和。

⑥根据所计算流域当地水资源公报中径流量数据对结果进行修正。

（2）降雨影响因子 α

相关实验及文献研究表明，降雨量对氮、磷的流失具有较为显著的影响，降雨强度主要对产流时间及养分浓度出现的峰值有一定影响，对污染物流失量影响较小。降雨对于非点源污染负荷的影响主要体现在降雨量指标上。因此，选择降雨量指标来量化降雨对于非点源污染流失的影响主要考虑降雨年际差异系数和降雨空间分布系数。

1）降雨空间分布系数 α_s

降雨空间分布对于非点源污染的影响主要指就某一年份而言，不同地区降雨不同造成的非点源污染差异，主要通过降雨量的空间分布来进行体现，降雨空间分布系数 α_s 表示为：

$$\alpha_s = \frac{R_j}{\overline{R}} \tag{2-3}$$

式中，α_s ——降雨空间分布系数；

　　R_j ——流域内子空间单元 j 的年降雨量，mm；

　　$\overline{R}$ ——流域全区平均年降雨量，mm。

2）降雨年际差异系数 α_t

降雨年际差异对非点源污染的影响主要考虑不同年份的降雨条件下非点源污染的变化。首先获取流域多年降雨数据和出口断面水质资料，利用 GIS 进行空间分析，得到流域各年降雨量和非点源污染物入河量，通过回归分析，建立起流域全区年平均降雨量 r 与流域非点源污染物年入河量之间的相关关系：

$$L = f(r) \tag{2-4}$$

式中，L ——流域非点源污染物年入河量，t；

　　r ——流域全区年平均降雨量，mm。

式（2-4）中，流域非点源污染物年入河量计算方法如下：

$$L = L_{sum} - L_{ps} \tag{2-5}$$

式中，L——流域非点源污染物年入河量，t；

L_{sum}——流域污染物年入河总量，t；

L_{ps}——流域点源污染物年入河量，t。

本书认为点源污染物入河发生在一年中任意时段，且排放强度不变；而非点源污染物入河仅发生在丰水期。因此点源污染物入河量计算公式如下：

$$L_{ps} = \frac{C_{i枯} \times Q_枯}{D_枯} \times 365 \tag{2-6}$$

式中，$C_{i枯}$——枯水期流域出口第 i 种污染物的平均监测浓度，mg/L；

$Q_枯$——枯水期流域出口的总流量，m^3/s；

$D_枯$——枯水期时间，s。

而污染物入河总量为：

$$L_{sum} = \sum_{j=1}^{12} C_{ij} \times Q_j \tag{2-7}$$

式中，C_{ij}——流域出口处污染物 i 在第 j 个月的浓度，mg/L；

Q_j——流域出口处流量，m^3/s。

将流域多年平均降雨量 $\bar{r}$ 代入式（2-4）可得到多年平均降雨条件下的非点源污染年入河量 $\bar{L}$，因此，降雨年际差异影响因子 α_t 可表示为：

$$\alpha_t = \frac{f(r)}{f(\bar{r})} \tag{2-8}$$

式中，α_t——降雨年际差异系数；

$\bar{r}$——流域多年平均降雨量，mm。

其中流域年平均降雨量计算方法如下：首先收集流域内雨量站位置及年降雨量数据，之后利用泰森多边形法求出每个雨量站控制范围，最后利用式（2-9）进行计算。

$$r = \sum_{i=1}^{n} r_i \times p_i \tag{2-9}$$

式中，r_i——第 i 个雨量站年降雨量，mm；

p_i——第 i 个雨量站控制面积占流域总面积比例。

3）降雨影响因子表达式

综合式（2-4）至式（2-9），降雨影响因子 α 的表达式为：

$$\alpha = \alpha_t \cdot \alpha_s = \frac{f(r)}{f(\bar{r})} \cdot \frac{R_j}{\bar{R}} \tag{2-10}$$

（3）地形影响因子 β

传统输出系数法模型对土地利用类型、不同土地利用类型的面积、不同土地利用类型污染物的输出量已有所考虑，因此，改进模型主要表征下垫面因子的坡度对非点源污染的影响。大量研究表明，坡度是影响坡面产污的重要因素，但坡度对坡面径流中各养分浓度无明显影响，坡度对坡面径流量的影响远大于其对于养分浓度的影响，所以，坡度主要通过影响径流量来影响其携带的氮、磷流失量，坡度对坡面径流量的影响是坡度对非点源污染负荷影响的关键所在。因此坡面对于非点源污染的影响可以划归为坡度对径流量的影响。

坡度影响因子 β 主要是反映不同地区坡度起伏造成非点源污染的空间差异，主要通过非点源污染负荷与坡度的相关关系来体现，β 表示为：

$$\beta = \frac{L(\theta_j)}{L(\overline{\theta})} = \frac{c\theta_j^{d}}{c\overline{\theta}^{d}} = \frac{\theta_j^{d}}{\overline{\theta}^{d}} \qquad (2\text{-}11)$$

式中，θ_j——j 地区坡度；

$\overline{\theta}$——整体平均坡度；

c、d——常数。

2.3　二元结构模型法

2.3.1　溶解态污染负荷计算

种植业径流污染估算公式为：

$$C_{dis} = \begin{cases} \sum\limits_{m=1}^{2} \dfrac{\varepsilon}{\varepsilon_0} \times (1-e^{-krt}) \times Q_{balm} \times N; & P \geqslant r \\ 0; & P < r \end{cases} \qquad (2\text{-}12)$$

式中，C_{dis}——农田年溶解态非点源污染负荷，t/km^2；

Q_{balm}——农田氮、磷养分平衡量，t/km^2；

ε——径流系数，反应不透水硬化地面情况；

ε_0——标准径流系数，默认取值为 0.87；

k——地面冲刷系数；

r——降雨强度，mm/d；

t——降雨历时，d；

P——日降雨量，mm/d；

N——自然因子修正系数（量纲一），主要考虑因坡度、植被和土壤条件不同所带来的影响。

$$N = G_{co} \times V_{co} \times S_{co} \qquad (2\text{-}13)$$

式中，G_{co}——坡度修正系数；

V_{co}——植被修正系数；

S_{co}——土壤修正系数。

各自具体算法如下：

$$G_{co} = \frac{G - G_{min}}{G_{max} - G_{min}} \tag{2-14}$$

$$V_{co} = \frac{V_{max} - V}{V_{max} - V_{min}} \tag{2-15}$$

$$S_{co} = \frac{S - S_{min}}{S_{max} - S_{min}} \tag{2-16}$$

式中，G_{min}、G_{max} 和 G——分别表示区域的最小坡度、最大坡度和计算单元坡度；

V_{min}、V_{max} 和 V——分别表示区域的最小植被覆盖度、最大植被覆盖度和计算单元植被覆盖度；

S_{min}、S_{max} 和 S——分别表示区域的最小黏粒含量、最大黏粒含量和计算单元黏粒含量。

2.3.2　吸附态污染负荷计算

吸附态氮与磷污染负荷量根据土壤侵蚀量进行计算，公式如下：

$$C_{Ads} = A \times Q_a \times E_r \times 10^{-6} \tag{2-17}$$

式中，C_{Ads}——吸附态非点源污染（氮、磷）负荷，t/hm^2；

A——年土壤侵蚀量，t/hm^2；

Q_a——土壤中氮/磷含量，mg/kg；

E_r——计算时段内氮/磷富集因子。

土壤侵蚀量 A 计算采用 Wischmeier 提出的土壤通用流失方程（USLE 方程）。单位面积年均土壤侵蚀量计算公式如下：

$$A = R \times K \times L \times S \times C \times P \tag{2-18}$$

式中，R——降雨侵蚀力因子，$MJ \cdot mm/(hm^2 \cdot h)$；

K——土壤可侵蚀因子，$t \cdot hm^2 \cdot h/(MJ \cdot mm \cdot hm^2)$；

L——坡长因子，量纲一；

S——坡度因子，量纲一；

C——植被覆盖和管理因子，量纲一；

P——水土保持措施因子，量纲一。

（1）降雨侵蚀力因子 R

降雨过程是造成土壤流失的重要因素之一，Wischmeier 指出降雨动能与最大 30 min

降雨强度的乘积是判断土壤流失的最好指标。即：

$$R = \sum E \times I_{30} \tag{2-19}$$

式中，R——降雨侵蚀力因子，$\text{MJ} \cdot \text{mm} / (\text{hm}^2 \cdot \text{h})$；

　　　E——单次降雨总动能，$\text{m} \cdot \text{t} / \text{hm}^2$；

　　　I_{30}——单次降雨中连续 30 min 最大降雨强度，cm/h。

在实际操作过程中，在计算 E 与 I_{30} 时需要详细的降雨过程资料，而这些资料往往较难获取，故目前我国多采用月降雨量与年降雨量因子进行计算，需要多年各月平均降雨量与多年平均降雨量推求 R 的经验公式：

$$R = \sum_{i=1}^{12} \left\{ 1.735 \times 10^{\left(1.5 \times \lg \frac{P_i^2}{P} - 0.8188\right)} \right\} \tag{2-20}$$

式中，R——降雨侵蚀力因子，$\text{MJ} \cdot \text{mm} / (\text{hm}^2 \cdot \text{h})$；

　　　P_i——各月平均降雨量，mm；

　　　P——年平均降雨量，mm。

（2）土壤可侵蚀因子 K

土壤可侵蚀因子 K 主要是指单位降雨侵蚀力在标准小区上造成的土壤流失量，主要反映土壤对侵蚀的敏感性以及降水产生的径流量与径流速率的大小。本书采用的是 Williams 在 EPIC 模型基础上所提出的土壤可侵蚀因子 K 的估算方法：

$$K = \left\{ 0.2 + 0.3 \exp\left[-0.0256 \text{SAN}(1 - \text{SIL}/100)\right] \right\} \left(\frac{\text{SIL}}{\text{CLA} + \text{SIL}} \right)^{0.3}$$
$$\left(1 - \frac{0.25C}{C + \exp(3.72 - 2.95C)} \right) \left(1 - \frac{0.75\text{SNI}}{\text{SNI} + \exp(-5.51 + 22.9\text{SNI})} \right) \tag{2-21}$$

式中，SAN——土壤中砂粒（0.05～2 mm）含量，%；

　　　SIL——土壤中粉粒（0.05～0.002 mm）含量，%；

　　　CLA——土壤中黏粒（＜0.002 mm）含量，%；

　　　C——土壤中有机碳含量，%。

其中，$\text{SNI} = (1 - \text{SAN}) / 100$。

（3）坡长因子 L、坡度因子 S

坡长因子 L 是指在其他条件相同的情况下，任意坡长的单位面积土壤流失量与标准坡长的单位面积土壤流失量之比；坡度因子 S 是指在其他条件相同情况下、任意坡度下单位面积土壤流失量与标准小区坡度下单位面积土壤流失量之比（图 2-4）。

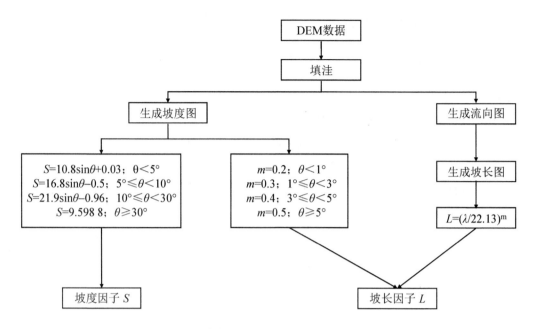

图 2-4　坡度因子、坡长因子计算技术路线

　　本书中 L、S 值计算首先要对 DEM 图进行填洼处理，在水文分析模型中进行填洼，使洼地成为水流能够通过的平坦区域，产生无洼地的 DEM 数据，在此基础上进一步生成水流流向图，然后利用 ArcGIS 进行 3D 分析，提取坡度值，生成坡度图层，并根据坡度大小计算各自坡度因子 S。之后在 ArcGIS 中利用栅格计算器工具进行 m 值图层计算，最后按照公式在栅格计算器中计算出坡长因子 L。

　　（4）植被覆盖和管理因子 C

　　植被覆盖和管理因子 C 与地表覆盖情况、土地利用情况、地形地貌因子等自然因素，以及人工管理因素等影响相关。其主要反映了植被覆盖和土地耕作措施对土壤侵蚀的影响。

　　考虑到我国农作物管理体制的多样性，所受影响因素众多，因此对于 C 值的确定比较困难。C 值的确定采用抓大放小的原则，即从众多影响因素中选出 1～2 个最主要的因素进行分析，通常是以植物冠层覆盖度作为主要的影响因子，建立如下的函数关系式：

$$C = 0.650\,8 - 0.343\,6\lg c \tag{2-22}$$

式中，C——植被覆盖和管理因子；

　　　　c——植物冠层覆盖度，%。

　　当 $C=0$ 时，表示不产生土壤流失，此时的植物冠层覆盖度 c 值为 78.3%，当植物冠层覆盖度 c 值大于等于 78.3% 时，C 值均为 0；而当无植物覆盖的完全裸露地时，即植物冠层覆盖度 c 值为 0 时，C 值等于 1。在具体操作时，将植物冠层覆盖度取全年平均覆盖度即可。

（5）水土保持措施因子 P

水土保持措施因子 P 反映了水土保持措施对于土壤侵蚀的影响，这些水土保持措施包括等高垄作、水平梯田耕作等，这些措施都是通过改变地形、汇流方式和方向来减少径流量、降低径流流速以减轻土壤侵蚀。一般来说，P 值越小表明管理措施的水土保持效果越好，对于土壤侵蚀的影响越小。无任何水土保持措施的土地 P 值为 1，如自然植被。其他情况取 0～1 之间的数值。本书主要参考刘保元《土壤侵蚀预报方案》中 P 值的选取方法对各土地利用类型进行赋值，生成栅格图像。

2.4 农田氮、磷平衡估算

农田生态系统营养元素平衡估算模型主要是在吸收及借鉴前人土壤系统养分平衡模型的基础上，通过细化各养分输入和输出分项并分别进行农田养分输入和输出项的计算，之后利用物质守恒定律计算平衡流，即"养分平衡=养分输入−养分输出"。当平衡量为正时即表示农田土壤养分输入量大于输出量，处于盈余态，这种情况下盈余的氮、磷留存在土壤中，会增加农田非点源污染的风险；反之，平衡量为负时即表示农田土壤养分输入量小于输出量，处于亏损态，而这种情况下作物会利用土壤本身含有的氮、磷，导致土壤氮、磷含量降低。本书以农田表层土壤为研究对象，参考相关研究成果，建立氮、磷平衡核算方程。其中共涉及 9 项输入项，包括化肥、粪肥、饼肥、秸秆还田、干沉降、湿沉降、生物固氮作用、灌溉、种子；涉及 5 项输出项，包括作物收获（含籽粒及秸秆）、挥发、反硝化、淋溶、径流（图 2-5）。模型概化公式如下。

$$Q_b = (Q_i - Q_o) / A \tag{2-23}$$

$$Q_{iN} = F_N + N_{im} + N_{is} + N_{ic} + D_N + B + N_{ir} + N_{in} \tag{2-24}$$

$$Q_{iP} = F_P + P_{im} + P_{is} + P_{ic} + D_P + P_{ir} + P_{in} \tag{2-25}$$

$$Q_{oN} = H_N + G + W_{mN} + W_{lN} \tag{2-26}$$

$$Q_{oP} = H_P + W_{mP} + W_{lP} \tag{2-27}$$

式中，Q_i、Q_o——分别为农田氮、磷的输入量和输出量；

Q_b——农田氮、磷养分平衡量，t/km^2；

$Q_{iN/P}$、$Q_{oN/P}$——农田氮、磷的输入量和输出量，t；

A——计算区域面积，km^2；

$F_{N/P}$——化肥氮、磷输入量，t；

N_{im}/P_{im}——粪肥氮、磷输入量，t；

N_{is} / P_{is} ——秸秆还田氮、磷输入量，t;

N_{ic} / P_{ic} ——饼肥氮、磷输入量，t;

$D_{N/P}$ ——干湿沉降氮、磷输入量，t;

B ——生物固氮输入量，t;

N_{ir} / P_{ir} ——灌溉氮、磷输入量，t;

N_{in} / P_{in} ——种子氮、磷输入量，t;

H_N / H_P ——作物收获氮、磷输出量，t;

G ——气态氮输出量，t;

$W_{mN/P}$ ——径流侵蚀氮、磷输出量，t;

$W_{lN/P}$ ——淋溶氮、磷输出量，t。

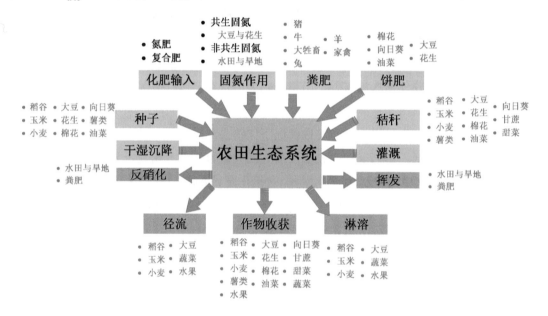

图 2-5　农田生态系统氮平衡计算

2.4.1　化肥输入

化肥输入是我国农田营养元素来源的重要组成部分。化肥中氮磷输入量参照统计年各省（区、市）统计年鉴中化肥消费量计算获得，具体公式如下：

$$F_N = \mathrm{Pt}_N + \mathrm{Pt}_s \times f_N \tag{2-28}$$

$$F_P = \mathrm{Pt}_P \times \mathrm{coe} + \mathrm{Pt}_s \times f_P \tag{2-29}$$

式中，F_N、F_P ——化肥输入的氮（磷）折纯量，t;

Pt_N、Pt_P ——氮肥及磷肥折纯量，t;

coe ——转换系数，0.436 6 为 P_2O_5 折算成 P 的系数；

Pt_s ——复合肥折纯量，t；

f_N 和 f_P ——复合肥中含氮（磷）量。

其中对于复合肥中氮（N）、磷（P_2O_5）比例在不同区域存在有一定差异，具体比例见表 2-1。

表 2-1 各省（区、市）复合肥营养元素比例

区域	省（区、市）	复合肥中氮磷钾比例
东北地区	辽宁、吉林、黑龙江	1∶2.0∶0.2
华北地区	北京、天津、河北、山西、山东、河南	1∶1.5∶0.4
西北地区	内蒙古、陕西、甘肃、青海、宁夏、新疆	1∶1.5∶0.4
长江中下游地区	上海、江苏、浙江、安徽、湖北、湖南、江西	1∶1∶0.8
西南地区	重庆、四川、贵州、云南、西藏	1∶1∶0.8
东南地区	福建、广东、广西、海南	1∶1∶0.8

事实上，并非所有化肥施用量均投向农田生态系统中，近年来多年生作物（如经济林、速生林、竹林、苗圃）、草地、草坪、花卉、畜牧和水产养殖业也开始使用化肥，根据前人研究成果估算非农作物生产中化肥施用量所占比例，氮大约为 6%，磷大约为 7.4%；即农田施用氮肥占氮肥施用总量的 94%，农田施用磷肥占磷肥施用总量的 92.6%。

2.4.2 畜禽及农村人口粪肥输入

随着现代畜禽养殖业朝集约化方向发展，专业化、规模化的畜禽养殖逐渐成为肉蛋奶毛等畜禽产品的主要生产方式。大规模养殖必然带来大规模的畜禽粪尿，粪尿的处理处置成为当下迫在眉睫的环境问题。粪尿还田促进养分循环，其为可行的处置方法之一，故而在当下和将来粪尿还田将是农田重要的养分输入源。

畜禽粪尿的产生会随着养殖阶段发生很多变化，养殖周期有长有短，因此不宜直接采用统计年鉴中养殖量数据，需要结合养殖阶段、养殖周期、存栏及出栏数据综合计算畜禽粪便产生量。畜禽粪肥资源是根据畜禽的年内养殖数量、排泄系数和生长周期及还田率等进行计算。选择猪、牛、羊、大牲畜（包括马、驴、骡、骆驼）、家禽、兔、农村人口共 7 类。其中每一大类又根据其输出系数不同分为如下小类：其中猪分为幼猪、成年猪、孕猪；牛、大牲畜、羊均分为幼畜和成年畜两类。畜禽头数，猪、家禽、兔按照年内出栏量计算，牛、大牲畜、羊按照年末存栏量进行计算，另外人粪尿排泄量按照成人标准计算，成人数=人口数×0.85。

计算公式如下：

$$N_{im} = \sum_{i=1}^{n} \frac{Q_i \times T_i \times q_i \times r}{365 \times 1\,000} \tag{2-30}$$

式中，N_{im}——畜禽粪肥氮输入量，万 t；

T_i——各类动物饲养期，d；

Q_i——各类动物养殖量，万头（万只）；

q_i——各类动物排泄系数，kg/a；

r——粪肥还田率，%。

$$P_{im} = \sum_{i=1}^{n} \frac{Q_i \times T_i \times q_i \times r}{365 \times 1\,000} \tag{2-31}$$

式中，P_{im}——畜禽粪肥氮输入量，万 t；

T_i——各类动物饲养期，d；

Q_i——各类动物养殖量，万头（万只）；

q_i——各类动物排泄系数，kg/a；

r——粪肥还田率，%。

人粪尿中氮、磷输入量计算公式如下：

$$N_{mim} = \sum_{i=1}^{2} \frac{n \times e_i \times c_i \times ce_i \times r}{365 \times 1\,000} \tag{2-32}$$

$$P_{mim} = \sum_{i=1}^{2} \frac{n \times e_i \times c_i \times ce_i \times r}{365 \times 1\,000} \tag{2-33}$$

式中，N_{mim}——人粪尿中氮输入量，万 t；

P_{mim}——人粪尿中磷输入量，万 t；

n——成人数，万人；

e_i——每天人粪尿排泄量，kg；

c_i——人粪尿中氮（磷）含量，g/（kg·万人）；

ce_i——粪尿收集率，%；

r——粪肥还田率，%。

饲养期选择根据各类动物实际情况不同进行设定，其中猪 199 天，牛、大牲畜和羊 365 天，家禽 210 天，兔 90 天。各类动物排泄系数根据前文研究成果按照地域不同划分为六大区，具体各区域系数见表 2-2。

表 2-2 全国各分区畜禽排泄系数一览表

项目			东北	华北	华东	中南	西南	西北
猪	幼猪	N	26.03	20.4	11.35	19.83	10.97	21.49
		P	3.05	3.48	1.44	2.51	1.94	2.78
	成年猪	N	57.7	33.23	25.4	44.73	19.74	36.77
		P	6.16	6.06	3.21	5.99	4.84	4.88
	孕猪	N	78.67	43.66	39.6	51.13	22.02	40.79
		P	11.05	9.93	5.11	11.18	6.55	5.24

项目			东北	华北	华东	中南	西南	西北
牛	成年畜	N	150.81	72.74	153.47	65.93	104.1	104.1
		P	17.06	13.69	19.85	10.52	10.17	10.17
	幼畜	N	61.91	20.33	53.55	30.59	38.27	38.27
		P	7	3.83	6.93	4.88	3.74	3.74
大牲畜	成年畜	N	150.81	72.74	153.47	65.93	104.1	104.1
		P	17.06	13.69	19.85	10.52	10.17	10.17
	幼畜	N	61.91	20.33	53.55	30.59	38.27	38.27
		P	7	3.83	6.93	4.88	3.74	3.74
羊	幼畜	N	25.62	11.57	22.16	12.66	15.84	15.84
		P	2.9	2.18	2.87	2.20	1.55	1.55
	成年畜	N	40.76	18.41	35.26	20.14	25.19	25.19
		P	4.61	3.46	4.56	3.21	2.46	2.46
兔		N	1.85	1.27	1.02	0.71	0.71	1.85
		P	0.48	0.3	0.5	0.06	0.06	0.46
家禽		N	1.12	1.42	1.06	1.16	1.16	1.12
		P	0.23	0.42	0.51	0.23	0.23	0.23

注：华北地区包括北京、天津、河北、山西；东北地区包括辽宁、吉林、黑龙江、内蒙古东部；华东地区包括上海、江苏、浙江、安徽、福建、江西、山东；中南地区包括河南、湖北、湖南、广东、广西、海南；西南地区包括重庆、四川、贵州、云南、西藏；西北地区包括内蒙古中西部、陕西、甘肃、青海、宁夏、新疆。

　　粪肥还田率根据不同动物种类选用不同数值，猪粪、牛粪、马粪、羊粪和鸡粪回田率分别为 47%、57%、42%、53% 和 51%。

　　年均人粪尿排泄量为 113.7 kg 粪便及 579.3 kg 尿液，而每千克粪便中有氮含量 11.3 g、磷 5.95 g；每千克尿液中有氮含量 5.01 g、磷 0.39 g。平均粪便收集率为 60%，尿液收集率为 30%，还田率取 60%。

2.4.3　秸秆还田输入

　　农作物秸秆作为农业生产的生物质副产品，具有巨大的潜在利用价值。随着近年来农业生产力的提高使得秸秆产量大幅度增加。秸秆作为生物质资源，可以用于还田，秸秆还田有多种方式，包括机械粉碎还田、覆盖还田和留高茬还田等。秸秆还田可以提高土壤养分含量，促进土壤固碳和改良土壤结构等功效。秸秆还田输入营养量计算公式如下：

$$N_{is} = \sum_{i=1}^{n} g_i \times p_i \times a_{Ni} \times r_i \times 0.85 \qquad (2\text{-}34)$$

$$P_{is} = \sum_{i=1}^{n} g_i \times p_i \times a_{pi} \times r_i \times 0.85 \qquad (2\text{-}35)$$

式中，N_{is}——秸秆还田输入氮数量，t；

P_{is}——秸秆还田输入磷数量，t；

g_i——各种作物籽粒产量，t；

P_i——各种作物秸秆籽粒比；

α_{Ni}——秸秆中氮养分含量，%；

α_{pi}——秸秆中磷养分含量，%；

r_i——秸秆还田比率，秸秆养分含量是在烘干基基础上测定的，因此在计算秸秆中养分含量时进行了折算；

0.85——去除秸秆有效水分后的折算系数。

本次计算共选取水稻、玉米、小麦、大豆、薯类、花生、油菜籽、向日葵、棉花、甘蔗、甜菜等我国常见作物，各作物秸秆籽粒比及氮磷养分含量见表2-3。

表2-3　作物秸秆籽粒比及养分含量表

秸秆种类	秸秆籽粒比	秸秆中氮养分含量/%	秸秆中磷养分含量/%
水稻	0.9	0.91	0.13
玉米	1.2	0.92	0.15
小麦	1.1	0.65	0.08
大豆	1.6	1.81	0.196
薯类	0.5	2.5	0.28
花生	0.8	1.82	0.16
油菜籽	2.5	0.87	0.14
向日葵	2.2	0.82	0.111
棉花	0.24	1.24	0.15
甘蔗	1.1	1.1	0.14
甜菜	1	0.25	—

秸秆还田比率根据不同省（区、市）实际情况并参考相关资料进行设定，具体情况见表2-4。

表2-4　各省（区、市）秸秆还田比率

区域	省（区、市）	还田率/%
东北地区	辽宁	11.2
	吉林	15
	黑龙江	10.2
华北地区	北京	88.6
	天津	29.1
	河北	80.8
	山西	55.5
	山东	77.8
	河南	60.8

区域	省（区、市）	还田率/%
长江中下游地区	上海	47.2
	江苏	26.8
	浙江	47.2
	安徽	30
	湖北	28.7
	湖南	43.1
	江西	40
西北地区	内蒙古	15
	陕西	33.2
	甘肃	13.5
	青海	0.8
	宁夏	15
	新疆	15
西南地区	重庆	58
	四川	49.7
	贵州	30
	云南	22
	西藏	0.8
华南地区	福建	26.8
	广东	38
	广西	45.3
	海南	29.1

2.4.4　饼肥输入

饼肥资源主要是根据大豆、花生、油菜籽、棉籽、葵花籽的出饼率、榨油率、还田率等进行估算。具体计算公式如下：

$$N_{ic} = \sum_{i=1}^{n} g_i \times o_i \times c_i \times a_{Ni} \times r \qquad (2\text{-}36)$$

$$P_{ic} = \sum_{i=1}^{n} g_i \times o_i \times c_i \times a_{pi} \times r \qquad (2\text{-}37)$$

式中，N_{ic}——饼肥输入氮数量，t；

P_{ic}——饼肥输入磷数量，t；

g_i——作物籽粒产量，t；

o_i——榨油率，%；

c_i——出饼率，%；

a_{Ni}——饼中氮养分含量，%；

a_{pi}——饼中磷养分含量，%；

r ——还田率，%。

出饼率是生产单位经济产量的产饼数量，根据《农业经济技术手册》可得我国几种常见作物的出饼率，各种饼肥的氮、磷养分含量参照全国农业技术推广服务中心数据。饼肥既可以用作饲料也可以作为肥料直接使用，还田主要用在蔬菜等高附加值经济作物上，饼肥输入营养元素相关参数见表2-5。

表2-5　油料作物出饼率、榨油率、饼肥氮（磷）含量及还田率

	出饼率/%	榨油率/%	饼肥氮含量/%	饼肥磷含量/%	还田率/%
大豆	85	50	6.68	0.44	30
花生	50	43	6.92	0.55	30
油菜籽	95	55	5.25	0.79	90
棉花	80	94	4.29	0.54	90
葵花籽	76.8	35	4.76	1.70	30

2.4.5　干湿沉降输入

营养元素的沉降作用以氮沉降为主，分为干沉降和湿沉降。其中湿沉降是指大气中的 NH_3 随降水进入土地，而干沉降则为大气中的 NH_3 和其他氮化合物直接进入土壤中的过程。干湿沉降为干沉降和湿沉降之和，计算公式如下：

$$D = D_d + D_w \qquad (2-38)$$

式中，D ——干湿沉降输入营养物（氮、磷）数量，t；

D_d ——干沉降输入营养物（氮、磷）数量，t；

D_w ——湿沉降输入营养物（氮、磷）数量，t。

（1）大气湿沉降

降雨带入的氮量与降雨量、农田施肥量以及环境地理因素联系紧密，氨态氮（雨水中的主要成分）不易与大气结合发生远距离输送，氨的排放量与施肥量有关。尤其是 20 世纪中叶以来，随着矿物燃料燃烧、化肥生产使用以及畜牧业的迅猛发展使人类向自然界排放的活性氮化合物数量激增，导致大气中氮沉降呈现迅猛增加的趋势。具体在我国北方，降雨输入到农田系统的氮量很大，我国北方降雨输入的氮在 $8\sim30$ kg/hm²，即使在远离集约农业种植的青海海北高寒草甸，随降水作用输入系统的氮也可以达到 $7\sim10$ kg/hm²。我国南方地区氮肥撒施在水田里，其中氨挥发相当严重，而降水又集中在施肥季节，使得其每年由湿沉降输入氨态氮可达到 $16.5\sim34.95$ kg/hm²。具体各省（区、市）氮湿沉降通量见表2-6。对于磷的干湿沉降所做研究较少，且受到人类活动影响相对较小，此处取全国统一值 0.26 kg/hm²。

湿沉降输入营养物具体计算公式为

$$D_w = a \times Df_w \times 0.001 \qquad (2\text{-}39)$$

式中，Df_w——湿沉降通量，kg/hm^2；

    a——研究区面积，hm^2；

    0.001——单位转换系数。

表 2-6　全国各省（区、市）氮湿沉降通量

省（区、市）	湿沉降通量/ （kg/hm^2）	省（区、市）	湿沉降通量/ （kg/hm^2）
北京	9.69	湖北	24.2
天津	9.63	湖南	23.95
河北	9.13	广东	25.84
山西	10.35	广西	22.8
内蒙古	5.57	海南	22.34
辽宁	12.56	重庆	25.09
吉林	10.11	四川	17.08
黑龙江	18.3	贵州	18.53
上海	21.79	云南	10.61
江苏	19.7	西藏	4.16
浙江	20.19	陕西	14.44
安徽	20.95	甘肃	5.36
福建	18.15	青海	4.76
江西	27.14	宁夏	5.48
山东	13.21	新疆	1.94
河南	9.53		

（2）大气干沉降

大气中的氮化合物除了通过降水（湿沉降）向地表输入氮以外，还可以通过植物或土壤吸收进入地表，此外沉降的尘埃中也含有少量的有机氮。鉴于我国关于干沉降氮的观测资料十分缺乏，本研究将干沉降分为两部分进行估算：一是挥发氨的再沉降，二是其他氮化合物（主要是 NO_2）的干沉降。氨挥发也是氮损失的主要途径之一。其中畜禽排泄粪便 50%以上的可溶性氮在产生、储存、使用过程中损失；化肥中也存在氨挥发损失，特别是尿素的挥发作用。但并非所有挥发氨都离开农田系统，氨极易溶于水、土壤及植物表面，故大部分氨挥发又重新沉降到了排放源附近。氨的干沉降计算通过氨挥发总氮量经氨沉降系数折算得到氨沉降总氮量。经干沉降系数得到干沉降总氮量，再以农

田系统面积和国土面积比折算为农田系统干沉降的氮。而其他氮化合物沉降根据文献中设定按气态 NO_2 和气态 NH_3 比例 1∶4 计算，即大气氮化合物的干沉降总量（D_d）为氨沉降总量的 1.25 倍。

具体公式如下：

$$D_d = v_n \times c_d \times p_f \times 1.25 \qquad (2\text{-}40)$$

式中，v_n——氨挥发量，t；

c_d——氨沉降率，%；

p_f——耕地面积占全部国土面积之比。

$$v_n = (F_N + N_{im}) \times p_v \qquad (2\text{-}41)$$

式中，F_N——化肥输入氮量，t；

N_{im}——畜禽粪尿输入氮量，t；

p_v——氨挥发损失率，%，对于畜禽粪肥来说定义为 30%，对于化肥输入氮来说挥发损失率为 24.5%。

对于磷来讲，其干沉降很小，相关研究也较少，此处取平均值 0.32 kg/hm²。

2.4.6　生物固氮输入

生物固氮是氮循环的自然过程。生物固氮分为共生固氮和非共生固氮两种。其中共生固氮只存在于豆科植物中，作物主要包括豆类作物、花生、豆科绿肥；非共生固氮广泛存在，可分为旱地和稻田两种情况。计算公式如下：

$$B = B_s + B_n \qquad (2\text{-}42)$$

式中，B——生物固氮输入量，t；

B_s——共生固氮输入量，t；

B_n——非共生固氮输入量，t。

（1）共生固氮

目前计算共生固氮量的方法不尽一致，有的学者以地方部分含氮量全部记为共生固氮，有的学者以作物吸氮总量的 60% 计算，也有的学者以作物吸氮总量的 2/3 作为共生固氮量。本书按照摄取氮总量的 60% 计算其固氮量，计算公式如下：

$$B_s = \sum_{i=1}^{2} be_i \times sn_i \times 0.6 \times 0.001 \qquad (2\text{-}43)$$

式中，be_i——各品类豆科植物产量，t；

sn_i——各类豆科植物单位产量带走的氮量，kg/t，本书仅考虑大豆、花生，其 sn 值分别为 72 kg/t 和 68 kg/t。

（2）非共生固氮

非共生固氮分为水田和旱地两部分，具体计算公式如下：

$$B_n = \sum (a_p \times nf_p + a_d \times nf_d) \times 0.001 \tag{2-44}$$

式中，a_p 和 a_d——分别为水田和旱地面积，hm^2；

　　　nf_p 和 nf_d——水田和旱地单位面积固氮量，kg/hm^2，其中水田设定为 30 kg/hm^2，旱地设定为 15 kg/hm^2。

2.4.7　灌溉输入

由灌溉水带入的氮量取决于灌溉水中的氮含量以及灌溉用水量。我国南方地区种植水稻，灌溉面积大且灌水量多，而北方相对有效灌溉面积和灌水量都要少得多（主要是麦季灌溉）；而且灌溉水的来源——江、河、湖、井水中的氮含量不尽相同，因此灌溉带入农田的氮量区域之间差别很大，一般来说北方要小于南方。有相关文献根据我国北方旱作地小麦灌水 1 800 m^3/hm^2 估算，由灌溉水带入的氮量为 4.5 kg/hm^2；加之我国无灌溉条件的耕地主要分布在长江以北地区，因此从平均值上讲，我国北方每年由灌溉水带入的氮量小于 5 kg/hm^2。将我国北方灌溉水每年带入的氮量设定为 4.7 kg/hm^2，南方灌溉水带入的氮量设定为 6.0 kg/hm^2。对于磷而言，根据研究结果显示灌溉水中的磷含量统计结果较低，南北方统一设定为 0.5 kg/hm^2。

2.4.8　种子输入

种子带入的营养量很小，且一般不进入土壤，而是直接供作物生长发育，收获作物时并没有去除该部分，故作为氮、磷输入源计算。种子的种类繁多，且其输入量一般很少，因此研究仅考虑水稻、小麦、玉米、大豆、薯类、花生、油菜、向日葵、棉花等 9 类进行计算（表 2-7）。计算公式如下：

$$N_{in} = \sum_{i=1}^{9} a_i \times sd_i \times s_i \times 0.001 \tag{2-45}$$

$$N_{ip} = \sum_{i=1}^{9} a_i \times sd_i \times s_i \times 0.001 \tag{2-46}$$

式中，N_{in}——种子带入氮量，t；

　　　a_i——各品种作物播种面积，hm^2；

　　　s_i——种子中氮（磷）含量，%；

　　　sd_i——播种量，kg/hm^2。

表 2-7 各种主要作物种子氮、磷含量

	水稻	小麦	玉米	大豆	薯类	花生	油菜	向日葵	棉花
N 含量/%	1.4	2.1	1.6	5.3	0.32	4.4	4.0	2.6	3.0
P 含量/%	0.01	0.44	0.22	0.47	0.03	0.11	0	0.3	0.24

2.4.9 作物收获输出

作物收获通过籽粒中的氮（磷）量和秸秆中的氮（磷）量进行加和计算作物总氮（磷）量。籽粒中的氮（磷）含量根据籽粒的产量和籽粒的含氮（磷）量进行计算，秸秆中的氮（磷）含量根据秸秆产量和秸秆中氮（磷）含量进行计算，秸秆产量根据籽粒产量和秸秆籽粒比进行推算。本次主要考虑了水稻、小麦、玉米、大豆、薯类、花生、油菜、向日葵、棉花、甘蔗、甜菜、蔬菜、水果等 13 大类，具体参数见表 2-8。

表 2-8 主要作物单位产量籽粒养分含量

作物	籽粒氮养分含量/（kg/t）	籽粒磷养分含量/（kg/t）
水稻	14.6	6.2
玉米	25.8	9.8
小麦	24.6	8.5
大豆	81.4	23.0
薯类	4.45	1.0
花生	43.7	10.0
油菜	43.0	27.0
向日葵	69.0	20.0
棉花	12.6	4.6
甘蔗	1.81	0.36
甜菜	4.8	1.42
蔬菜	4.32	1.42
水果	4.95	2.95

2.4.10 气态氮输出

土壤中氮的损失主要为 NH_3 的气态挥发，另外还有少量以 NO_2、NO、N_2 等形式存在。土壤中这种气态氮化合物的形成主要发生在反硝化、硝化和氨化作用过程中。铵态氮肥和土壤有机氮氨化形成的氨都以 NH_3 的形态挥发。大部分氨态氮在土壤中发生硝化作用，最终形成硝酸盐。这一过程中的中间产物 NO、NO_2 以气态散失，主要的气态氮损

失是反硝化作用引起的。因此气态氮的损失过程主要考虑氮肥的氨气挥发和反硝化损失量两部分。计算公式如下：

$$G = G_a + G_n \qquad (2\text{-}47)$$

式中，G——气态氮损失量，t；

　　G_a——氨气挥发损失量，t；

　　G_n——反硝化损失量，t。

（1）氨挥发

在过去几十年当中，农业中厩肥和化肥施用量的增加，导致来自土壤表面的氨挥发量也不断增加，影响氨挥发的因素主要与施用的化肥种类、方法与环境有关。本书在氨挥发时考虑化肥和粪肥的氨挥发损失量，这部分计算内容在干沉降部分提及。其中挥发损失率分别考虑水田、旱地及畜禽粪肥三种情况，通过查阅相关文献最终确定水田挥发损失率为 11%，旱地挥发损失率为 14%，畜禽粪肥挥发损失率为 13%。

（2）反硝化

无机氮的形态转化过程中会有气态氮的损失，其中以反硝化带来的损失量最大，主要以生成 N_2 为主。影响反硝化速率的因素主要包括施肥频率、肥料类型、作物类型、耕作操作等，各地区估算结果差异较大，总体而言旱地氮肥反硝化损失要比水田低。因此设定水田化肥反硝化损失率为 34%，旱地化肥反硝化损失率为 14%，粪肥反硝化损失率为 13%。具体计算公式如下：

$$G_n = F_N \times \frac{(f_p \times a_p + f_d \times a_d)}{f_p + f_d} + (N_{im} + N_{mim}) \times f_a \qquad (2\text{-}48)$$

式中，G_n——反硝化输出量，$t \cdot hm^2$；

　　F_N——化肥输入氮量，t；在计算化肥输入时计算得到；

　　f_p 和 f_d——分别为水田和旱地化肥氮反硝化损失率，%；

　　a_p 和 a_d——水田和旱地面积，hm^2；

　　N_{im}——畜禽粪肥输入氮量，t；

　　N_{mim}——农村人口粪肥输入氮量，t；以上两参数均在粪肥输入氮量章节进行计算；

　　f_a——粪肥反硝化损失率，%。

2.4.11　径流侵蚀输出

径流侵蚀损失在农田氮磷损失中占比不大。一般来讲侵蚀量大小主要与降水、田间坡度、种植方向、土壤质地、土壤养分含量、作物种类等相关。本书是在大尺度范围内进行，因此不可能将所有因素均考虑在内，本书采用输出系数法对径流侵蚀损失进行核算。具体公式如下：

$$W_{\mathrm{m}} = \left(\sum_i cf_i \times a_i \ / \ m + \sum_i gf_i \times g \right) \times 0.001 \qquad (2\text{-}49)$$

式中，W_{m}——径流侵蚀养分损失量，t；

cf_i 和 gf_i——单位面积耕地和园地径流侵蚀输出系数，$\mathrm{kg/hm^2}$；

a_i——总播种面积，$\mathrm{hm^2}$；

m——复种指数；

g——园地面积，$\mathrm{hm^2}$。

输出系数的选择主要借鉴了第一次全国污染源普查农业污染源中使用的《肥料流失系数手册》，将作物类型划分为水稻、小麦、玉米、大豆、水果、蔬菜六大类，又根据地域不同划分为北方、南方、西北三大片区。其中北方包括黑龙江、吉林、辽宁、河北、北京、河南、天津、山东、山西；南方包括江苏、安徽、上海、浙江、湖北、湖南、江西、福建、广东、广西、重庆、四川、贵州、云南、海南；西北区包括陕西、内蒙古、青海、西藏、宁夏、甘肃、新疆。具体流失系数结果见表2-9。

表2-9   不同地区各品种作物氮磷径流侵蚀输出系数

作物	总氮流失量/（$\mathrm{kg/hm^2}$）			总磷流失量/（$\mathrm{kg/hm^2}$）		
	南方	北方	西北	南方	北方	西北
水稻	16.311	6.413	0.045	1.205	0.345	0.000
小麦	7.414	3.355	0.120	0.426	0.345	0.030
玉米	7.952	2.877	0.120	1.419	0.234	0.030
大豆	13.553	2.640	0.120	0.360	0.135	0.030
蔬菜	18.178	8.603	7.980	1.596	0.503	0.645
水果	8.158	0.653	7.980	0.788	0.030	0.030

2.4.12 淋溶输出

氮的淋溶损失是指土壤中的氮随水流向下移动到根系活动层以下，而不能被作物根系吸收所造成的氮损失。在土壤中淋溶主要发生在硝酸盐中，因为其几乎不容易被吸附，极易淋溶损失。淋溶损失量受到进入土壤的水量、水流强度、土壤特性、轮作制度、施肥制度、氮肥种类、氮肥施用量和施用方法的影响，具有很大的变幅。一般而言土层中的硝酸盐含量越高，或者退水量越大，则硝酸盐淋溶量越大，通常大量的氮淋溶发生在土地闲置期。淋溶作用是一种累积过程及动态变化过程，当季未被淋溶的氮以后会继续下移接受淋溶，而已淋溶的氮在此后有可能随水分上移重新被植物吸收，因此很难准确计算淋溶量。在本书中淋溶流失系数使用第一次全国污染源普查中使用的养分流失系数代替。并将其按照作物种类和地域进行分类，其中作物分为水稻、小麦、玉米、大豆、水果、蔬菜六大类；地域分为华北、东北、西北、南方四个大区；其中东北区包括黑龙江、吉林、辽宁；华北区包括河北、北京、河南、天津、山东、山西；西北区包括陕西、内蒙古、青海、西藏、宁夏、甘肃、新疆；南方区包括江苏、安徽、上海、浙江、湖北、湖南、江西、福建、广东、广西、重庆、四川、贵州、云南、海南。具体流失系数结果见表 2-10。

表 2-10　不同地区各品种作物氮磷径流淋溶流失系数

作物	总氮淋溶量/（kg/hm²）				总磷淋溶量/（kg/hm²）			
	南方	华北	东北	西北	南方	华北	东北	西北
水稻	7.29	7.29	7.29	7.29	0.00	0.00	0.00	0.00
小麦	26.12	19.34	1.88	4.23	0.345	0.00	0.00	0.00
玉米	34.86	16.02	1.88	4.23	0.323	0.00	0.00	0.00
大豆	34.86	18.75	1.89	3.17	0.323	0.00	0.00	0.00
蔬菜	28.50	48.98	8.11	30.22	0.323	0.12	0.548	0.188
水果	10.68	25.43	4.68	3.96	0.585	0.00	0.00	0.160

2.5　污染风险潜势评估方法

近年来，过量施肥带来的环境污染问题越来越突出，农田氮随着地表径流进入受纳水体，进而引起水体富营养化和土壤污染等问题。因此评估农田氮污染风险对于农田非点源污染防控具有重要指导意义。污染评价方法综合考虑冲刷过程、污染过程以及入河过程等三种影响氮流失过程的因子，通过参考相关文献最终确定了坡度、年度侵蚀性降雨量（日降雨量＞12 mm）、侵蚀性降雨天数、与河流距离、农田氮盈余量等 5 项计算指标。农田氮污染风险等级计算方法如下：首先将坡度、年度侵蚀性降雨量、侵蚀性降雨天数、农田氮盈余量数值由小到大，与河流距离由大到小进行排序，按照表 2-11、表 2-12 分类将其赋予特定分值；其次参考相关文献结果为这 5 项指标设定权重并代入式（2-50）中进行污染风险因子计算；最后，由高到低进行排序，并将风险值分为若干等级，在此基础上识别农田氮、磷污染风险重点区域。

$$R_i = \sum L_{SL}W_{SL} + L_{EP}W_{EP} + L_{DEP}W_{DEP} + L_{DS}W_{DS} + L_{SI}W_{SI} \qquad (2\text{-}50)$$

式中，R_i——污染风险因子评价结果；

　　　L——各项因子各自分值；

　　　W——因子所占权重；

　　　SL——坡度；

　　　EP——年度侵蚀性降雨量；

DEP——侵蚀性降雨天数；

DS——与河流距离；

SI——农田氮盈余量。

表 2-11　污染风险评估指标分值设定一览表

	0～20%	20%～40%	40%～60%	60%～80%	80%～100%
分值	1	2	3	4	5

表 2-12　污染风险评估指标权重设定表

	SL	EP	DEP	DS	SI
分值	0.5	1	0.5	1	1.5

参考文献

European Environment Agency. 2006．Integration of environment into EU agriculture policy — The IRENA indicator-based assessment report[R]. Copenhagen，1-60.

Fu B. 2008．Editorial：Blue Skies for China[J]. Science，321：611.

Gu B，Ju X，Chang J，et al. 2015．Integrated reactive nitrogen budgets and future trends in China[C]// Proceedings of the National Academy of Sciences，112，8792.

JOHNES P J，HEATHWAITE A L MODELLING. 2015．The Impact of Land Use Change on Water Quality in Agricultural Catchments[J]. Hydrological Processes，11（3）：269-286.

Ju X，Gu B，Wu Y，et al. 2016．Reducing China's fertilizer use by increasing farm size[J]. Global Environmental Change，41：26-32.

Ju X T，Xing G X，Chen X P，et al. 2009．Reducing environmental risk by improving N management in intensive Chinese agricultural systems[C]//Proceedings of the National Academy of Sciences of the United States of America，106：3041-3046.

Lian H，Lei Q，Zhang X，et al. 2018．Effects of anthropogenic activities on long-term changes of nitrogen budget in a plain river network region：A case study in the Taihu Basin[J]. Science of The Total Environment，645：1212-1220.

MA X，LI Y，ZHANG M，et al. 2011．Assessment and analysis of non-point source nitrogen and phosphorus loads in the Three Gorges Reservoir Area of Hubei Province，China[J]. Science of the Total Environment，412（412-413）：154-161.

OECD，EUROSTAT. Gross phosphorus balance handbook[EB/OL]. [2007]. http://www.oecd.org/dataoecd/2/36/40820243.pdf.

OMERNIK J M. 1976．Influence of land use on stream nutrient levels[J]. Water Air & Soil Pollution.

Su R，Cao Y. 2019. Methods Analysis On Cultivated Land Use Changes In China[J]. Chinese Journal of

Agricultural Resources and Regional Planning，96-105.

Sun B，Zhang L，Yang L，et al. 2012. Agricultural non-point source pollution in China：Causes and mitigation measures[J]. Ambio，41：370-379.

THORNTON J A，RAST W，HOLLAND M M，et al. 1999. Assessment and control of nonpoint source pollution of aquatic ecosystems：a practical approach[M]. UNESCO.

Wang X，Feng A，Wang Q，et al. 2014. Spatial variability of the nutrient balance and related NPSP risk analysis for agro-ecosystems in China in 2010[J]. Agriculture，Ecosystems & Environment，193：42-52.

Wang X，Hao F，Cheng H，et al. 2011. Estimating non-point source pollutant loads for the large-scale basin of the Yangtze River in China[J]. Environmental Earth Sciences，63（5）：1079-1092.

Wang X，Wang Q，Wu C，et al. 2012. A method coupled with remote sensing data to evaluate non-point source pollution in the Xin'anjiang catchment of China[J]. Science of the Total Environment，430（none）.

Wischmeier W H，Johnson C B，Cross B V. 1971. soil erodibility nomograph for farmland and construction sites[J]. Journal of Soil & Water Conservation，26（5）：189-193.

Wischmeier W H. 1976. Use and misuse of the Universal Soil Loss Equation.[J]. Journal of Soil & Water Conservation，31（5–6）：554-559.

Wu C，Deng G C，Li Y，et al. 2012. Study on the Risk Pattern of Non-Point Source Pollution Using GIS Technology in the Dianchi Lake Watershed[J]. Advanced Materials Research，356-360：771-776.

Xing K X，Guo H C，Sun Y F，et al. 2005. Simulation of non-point source pollution in watershed scale：The case of application in Dianchi Lake Basin[J]. Geographical Research，24：549-558.

Xu P，Lin Y，Yang S，et al. 2017. Input load to river and future projection for nitrogen and phosphorous nutrient controlling of Pearl River Basin[J]. Journal of Lake Sciences，29：1359-1371.

Zhang W，Li X，Swaney D P，et al. 2016. Does food demand and rapid urbanization growth accelerate regional nitrogen inputs?[J]. Journal of Cleaner Production，112：1401-1409.

Zhu Z D N S B. 2006. Policy for reducing non-point pollution from crop production in China[M]. Beijing：China Environmental Science Press.

Zhu Z L，Chen D L. 2002. Nitrogen fertilizer use in China—Contributions to food production，impacts on the environment and best management strategies[J]. Nutrient Cycling in Agroecosystems，63：117-127.

蔡明，李怀恩，庄咏涛，等. 2004. 改进的输出系数法在流域非点源污染负荷估算中的应用[J]. 水利学报，35（7）：40-45.

曹宁，曲东，陈新平，等. 2006. 东北地区农田土壤氮磷平衡及其对面源污染的贡献分析[J]. 西北农林科技大学学报：自然科学版，34（7）：127-133.

陈亚荣，阮秋明，韩凤翔，等. 2017. 基于改进输出系数法的长江流域面源污染负荷估算[J]. 测绘地理信息，42（1）：96-99.

刘书田，窦森，侯彦林，等. 2016. 我国秸秆还田面积与土壤有机碳含量的关系[J]. 吉林农业大学学报，38（6）：723-732.

王雪蕾，吴传庆，冯爱萍，等. 2015. 利用 DPeRS 模型估算巢湖流域氨氮和化学需氧量的面源污染负荷[J]. 环境科学学报，（9）：232-240.

王雪蕾，王桥，吴传庆，等. 2015. 国家尺度面源污染业务评估与应用示范[M]. 北京：科学出版社.

王雪蕾. 2015. 遥感分布式面源污染评估模型[M]. 北京：科学出版社.

徐梦，吴胜军，张亮，等. 2012. 耕地磷盈余研究进展[J]. 世界科技研究与发展，34（4）：589-593.

张国，逯非，赵红，等. 2017. 我国农作物秸秆资源化利用现状及农户对秸秆还田的认知态度[J]. 农业环境科学学报，36（5）：981-988.

第3章　大清河流域农业非点源排放研究

非点源污染模型是研究非点源污染负荷的重要手段，也是定量化描述非点源污染机理的有效工具，因此模型选择直接决定着研究可行性和准确度。对于大时空尺度研究区，由于缺乏长时间序列水量及水质监测资料，宜选择对监测资料要求较低的非点源污染模型进行研究。其中输出系数模型利用黑箱原理，不涉及非点源污染发生的复杂物理化学过程，具有模型结构简单、所需参数资料少、操作简便，同时能保证一定精度等优点，适用于缺乏长序列资料的大中型流域。本章通过深入研究"农业活动—污染物径流传输过程—水污染物排放"机理过程和系统特性，利用改进的输出系数法构建了一个系统综合的流域农业非点源污染负荷估算和评价模型。并以大清河流域作为案例进行实证研究，通过收集大清河流域地形、气象、土壤类型、种植结构、化肥施用量、畜禽养殖量、农村人口数量等数据，计算了大清河流域典型年份农业非点源污染负荷量。

3.1　研究区域概况

（1）地理位置

大清河流域系海河流域子流域，位于海河流域中部，海河流域包含山东、河南、内蒙古、辽宁、山西、河北、北京和天津等 8 个省（区、市），其中大清河流域跨越山西、河北、北京和天津 4 个省（市）（图 3-1），位于东经 $113°39'\sim117°34'$，北纬 $38°10'\sim40°102'$。流域东西长 500 km，南北宽 200 km，占海河流域面积的 13.5%。流域西起太行山区，东至渤海湾，北界永定河，南临子牙河。流域面积 43 060 km^2（其中山区面积 18 659 km^2，占 43.3%；平原面积 24 401 km^2，占 56.7%）。其中河北内流域面积为 35 167 km^2，占 80.6%；山西内流域面积 3 419 km^2，占 7.9%；北京内流域面积 2 100 km^2，占 5.1%；天津内流域面积 4 990 km^2，占 6.4%。

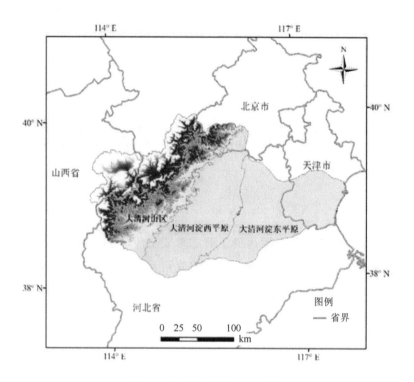

图 3-1　大清河流域 DEM 高程图

（2）地形地势

大清河流域地势由西北向东南倾斜，地貌分山区和平原两大类。山区按高程及地貌又分为中山区、低山区及丘陵三类。西部为中山区，海拔高程一般在 100 m 以上。包括涞源县全部，涞水、易县、满城、顺平、唐县、阜平的西部深山区，总面积 6 790.5 km²；中山区东南部是低山区和丘陵区，呈条带形，北起涞水，南至阜平，包括涞水、易县、徐水、满城、顺平、唐县、曲阳、阜平的部分或大部地区，总面积 4 197.6 km²，低山区坡缓谷宽，陆地发育，有黄土覆盖；丘陵区海拔一般在 50～100 m，地形低缓起伏，向东南渐展为平原，平原区由大小不等的冲积扇构成，其地形宛如蝶状，自北、西、南 3 个方向向东部白洋淀倾斜。

（3）水系特征

大清河水系（图 3-2）为扇形分布的支流河道，整个流域以五级河流为主，四级及四级以上河流较少，长 10 km 以上的山区河道仅有 9 条。大清河水系主要由南北两支组成，北支主要支流有小清河、琉璃河、拒马河、中易水等，其中拒马河最大；南支主要支流有瀑河、漕河、府河、唐河、潴龙河、沙河等，其中唐河及沙河较大，各河均汇入白洋淀。

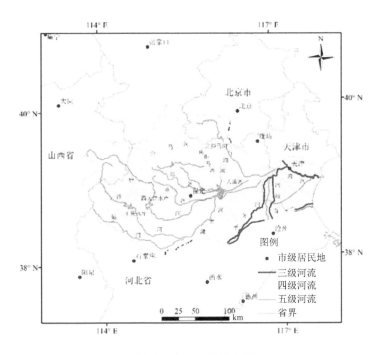

图 3-2 大清河流域水系图

（4）气象特征

大清河属于中温带半湿润气候亚区，春季干旱多风，夏季炎热多雨，秋季气候凉爽，冬季寒冷少雪，四季分明。气温自西北向东南递增，年均气温差距较大。平原为 12.7℃，山区为 7.4℃。大清河流域多年平均年降水量为 727 mm，由西向东递增，最大年降水量为 1 150 mm，总体来说山区降水量大于平原地区。多年降水量呈现出减少趋势且降水量年内分配不均，全年降水量大部分集中在 7 月、8 月，占全年的 54%，春季降水量较小，4 月、5 月仅占全年的 12%（图 3-3）。

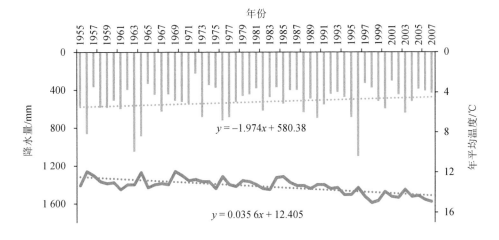

图 3-3 大清河流域典型气象站 1955—2007 年降水量、年平均温度分布图

（5）水资源

综合《河北省水资源公报》数据可得大清河流域河北省所辖部分多年平均地表水资源量共 23.52 亿 m³，其中大清河山区多年平均径流量为 19.02 亿 m³，大清河淀西平原多年平均径流量为 1.38 亿 m³，大清河淀东平原多年平均径流量为 3.12 亿 m³。然而近年来降水量持续减少，以及人口迅速增长、工农业用水量持续增加，导致水资源量减少迅速。大清河流域人均水资源占有量为 114 m³/a，属于资源性严重缺水地区，其所属的海河流域在全国 10 个水资源一级区中人均水资源是最低的，并远低于人均的国际水资源紧缺标准和极度紧缺标准。水资源处于"严重透支"状态，可以用"不堪重负"来形容。由于人口增长和经济发展迅速，大清河流域的供水量远远超过水资源量。

3.2　参数系数选择

3.2.1　输出系数

（1）畜禽养殖

随着集约化畜禽养殖量高速发展，畜禽养殖排放的大量粪尿成为农村的新兴非点源污染物，给生态环境造成了潜在的危机。通过文献比较分析与专家咨询，本章采用如下公式计算畜禽粪便产生量：

$$畜禽粪便量＝畜禽养殖量×日排泄系数×饲养周期 \qquad (3\text{-}1)$$

畜禽粪便的日排泄系数与品种、质量、生理状态、饲料组成和饲喂方式等均有关，取值采用文献[6]及文献[7]中的数据。

畜禽饲养周期综合考虑相关文献数据，最终确定猪为 199 d，大牲畜与羊均为 365 d。经筛选得到研究区畜禽养殖排泄系数及养分含量，考虑不是所有的粪便及污水都是直接流失到环境中，一部分粪便用于还田制作有机肥料，另一部分进入沼气池用于生产沼气，还有一部分被污水处理设施净化；规模化养殖场一般具备污水处理设施，散养牲畜采取直排方式，以及在本次计算中无法收集到各市县规模化养殖场及散养牲畜具体数据，因此为方便起见统一采用其排泄系数的 10%为总氮、总磷、COD 和氨氮的输出系数，经过收集前人研究成果最终确定大牲畜总氮输出系数为 3.203 kg/（头·a），总磷输出系数为 0.748 kg/（头·a），COD 输出系数为 22.60 kg/（头·a），氨氮输出系数为 1.25 kg/（头·a）；生猪总氮输出系数为 0.356 kg/（头·a），总磷输出系数为 0.111 kg/（头·a），COD 输出系数为 2.07 kg/（头·a），氨氮输出系数为 0.123 kg/（头·a）；羊总氮输出系数为 0.322 g/（头·a），总磷输出系数为 0.069 kg/（头·a），COD 输出系数为 0.44 kg/（头·a），氨氮输出系数为 0.057 kg/（头·a）；家禽总氮输出系数为 0.038 kg/（头·a），总磷输出系数为 0.014 kg/

（头·a），COD 输出系数为 0.117 kg/（头·a），氨氮输出系数为 0.013 kg/（头·a）。

（2）农村生活

农村居民生活污水输出系数可参照式（3-2）来计算：

$$E_{生活} = q \times C_i \times r \qquad (3\text{-}2)$$

式中，$E_{生活}$——农村生活污水输出系数，g/d；

　　　q——农村居民生活用水量，L/d；

　　　C_i——生活污水中总氮、总磷、COD 和氨氮质量浓度，g/L；

　　　r——排水系数。

农村人均生活用水量可以从各省市的水资源公报中获得。各市的人均农村生活用水量不尽相同，大清河流域为 66 L/d。污水产生系数是污水产生量占用水量的比例。根据海河流域水资源公报的统计，农村生活耗水率为 85%，污水产生系数为 25%，本节同样采用这个数据进行计算。根据人均生活用水量、污水产生系数和生活污水中污染物浓度计算出人均生活污水排放系数，结果见表 3-1。

表 3-1　大清河流域农村生活污水排放系数　　　单位：g/（人·d）

地　区	总氮	总磷	COD	氨氮
北京市	4.54	0.40	14.87	3.63
天津市	5.00	0.44	16.40	4.00
河北省	4.38	0.39	14.35	3.50
山西省	3.44	0.31	11.28	2.75

3.2.2　农作物播种面积

查阅大清河流域各省市统计年鉴、农村统计年鉴、调查年鉴以及各市的统计年鉴，可以获得各县（市、区）农作物的播种面积和园地面积，把各县（市、区）的数据分类加总，就得到大清河流域各种农作物的播种面积和园地面积（表 3-2）。

表 3-2　2014 年大清河流域各县（市、区）农作物面积　　　单位：hm²

地市	区县	耕地总面积	粮食总播种面积	小麦	玉米	其他	蔬菜	园地
	满城区	25 007	28 669	12 267	14 290	2 744	5 569	4 423
	清苑区	59 299	67 736	31 800	33 793	7 657	14 734	851
	涞水县	23 624	25 769	9 057	13 974	4 324	2 791	993
保定市	阜平县	14 928	12 856	980	6 806	5 030	1 369	2 292
	徐水区	44 501	59 283	28 400	29 922	1 909	10 559	782
	定兴县	47 794	68 316	32 667	33 025	5 711	8 272	669
	唐　县	32 658	35 661	13 497	15 955	4 950	5 569	3 005

地 市	区 县	耕地总面积	粮食总播种面积	小麦	玉米	其他	蔬菜	园地
保定市	高阳县	31 909	26 506	10 642	14 972	5 791	6 177	578
	容城县	20 534	30 201	14 000	15 219	2 007	2 693	502
	涞源县	26 388	19 371	43	14 480	2 223	1 946	255
	望都县	25 800	33 729	18 000	15 110	2 106	5 084	626
	安新县	32 556	40 765	20 267	19 909	5 595	1 083	178
	易 县	42 486	42 026	12 547	23 731	9 230	5 042	6 054
	曲阳县	38 099	34 337	9 168	17 846	5 933	2 414	1 778
	蠡 县	46 491	41 046	18 067	20 362	9 999	8 779	369
	顺平县	18 983	23 099	9 770	11 240	3 190	5 169	12 602
	博野县	23 112	26 944	12 579	13 430	4 792	6 979	1 058
	雄 县	32 533	38 524	13 733	20 998	4 540	3 440	1 622
	涿州市	43 987	52 905	21 933	28 445	5 565	12 395	2 017
	安国市	33 568	38 071	19 400	18 671	5 133	3 621	1 696
	高碑店市	41 374	49 837	22 267	25 683	8 814	6 112	1 312
	市 区	12 035	19 545	9 691	9 842	377	4 969	936
	定州市	—	98 123	53 424	43 716	17 462	36 349	—
沧州市	青 县	64 699	56 675	16 333	39 342	1 868	26 603	2 641
	任丘市	61 486	73 751	30 533	38 787	8 994	9 004	1 486
	河间市	85 308	88 306	34 867	47 965	25 444	9 708	7 183
	肃宁县	37 027	41 957	19 467	22 107	2 628	10 764	2 035
	献 县	63 945	75 229	33 133	36 019	22 842	9 483	20 204
衡水市	安平县	48 453	42 544	20 467	20 940	3 439	2 676	2 182
	饶阳县	64 436	36 378	17 333	18 372	6 503	20 683	5 410
廊坊市	霸州市	55 733	35 333	7 533	24 400	10 769	9 107	635
	大城县	57 285	46 326	3 900	40 173	3 714	4 248	1 079
	固安县	77 939	41 003	17 050	21 589	3 229	30 585	2 118
	文安县	60 329	52 030	8 290	40 812	4 631	2 843	1 458
	永清县	61 115	26 399	4 738	19 629	9 146	24 474	3 743
石家庄市	藁城区	—	71 562	35 600	33 312	3 242	36 213	—
	灵寿县	—	36 039	12 111	13 966	5 858	3 266	
	深泽县		35 921	12 533	13 647	2 753	5 859	
	无极县	—	65 628	25 333	20 273	6 096	11 939	—
	新乐市		65 075	24 467	18 667	8 881	12 490	
	正定县		55 286	21 000	19 062	5 122	9 107	
	行唐县	—	58 672	20 000	19 547	11 100	5 601	—
张家口市	涿鹿县	30 553	26 474	—	17 350	3 509	45 360	
	蔚 县	84 193	59 551		30 159	8 701	29 480	
天津市	天 津	—	345 800	—	—	33 700	90 100	33 000
忻州市	繁峙县	38 054.0	35 389.0	—	19 352.0	4 779	292.3	—

注：其他项为薯类、棉花、油料作物种植面积之和。

　　天津市数据由于数据来源问题无法统计各区数据，故采用全市统计数据。

　　—为数据缺失或无此项数据。

2014 年大清河流域各县（市、区）粮食作物总播种面积为 221.69 万 hm²，其中小麦播种面积 75.50 万 hm²，玉米 92.99 万 hm²，薯类作物 4.46 万 hm²，棉花 11.13 万 hm²，油料作物 14.54 万 hm²。另外，蔬菜播种面积 49.16 万 hm²，园地 20.15 万 hm²。可以看出大清河流域农业以种植粮食作物、蔬菜瓜果及油料、棉花为主。而主要粮食作物为玉米、小麦。冬小麦—夏玉米轮作是大清河流域典型的种植模式。大清河流域并不属于中国的水稻主产区，水稻种植面积较少，据统计 2014 年水稻种植面积为 1 314 hm²，主要分布在保定市及天津市，故本研究不考虑水稻种植导致的氮、磷流失量。

3.2.3　化肥施用量

通过梳理大清河流域各省市统计年鉴、农村统计年鉴、调查年鉴以及各市的统计年鉴可以获得 2014 年大清河流域各县（市、区）氮肥、磷肥、钾肥、复合肥施用量（折纯），其中复合肥中 N：P：K 按照 1：2：1 计算，最后将复合肥中氮和磷按照比例进行换算并与氮肥、磷肥施用量相加得到大清河流域氮肥与磷肥施用总量（折纯）。

统计结果显示 2014 年大清河流域（不包括天津市）共施用肥料氮 41.03 万 t，肥料磷 10.46 万 t。在下辖的 3 个水资源三级区中，大清河山区的氮肥施用量为 8.3 万 t，磷肥施用量为 2.3 万 t，均处在最小位置，仅占全流域的 19% 和 17%；大清河淀东平原施肥量最大，氮肥与磷肥施用量分别为 18.7 万 t 和 6.4 万 t。在大清河流域所属 8 个设区市中，保定市氮肥与磷肥施用量分别为 22.63 万 t 和 7.13 万 t，占全流域的 51% 和 53%。在各县（市、区）中，定州市化肥施用量最大，其中氮肥施用量达到 3.02 万 t，磷肥施用量 1.11 万 t（表 3-3）。

表 3-3　2014 年大清河流域各设区市农田化肥施用量（折纯，t）

地市	化肥			总计	
	氮肥	磷肥	复合肥	氮肥	磷肥
保定市	208 171.0	53 095.3	151 680.1	226 372.6	71 296.9
北京市	5 744.0	714.0	5 352.6	6 386.3	1 356.3
沧州市	56 272.9	14 639.9	29 980.1	59 870.5	18 237.5
大同市	19 123.4	6 125.8	16 051.8	21 049.6	8 052.0
衡水市	4 177.8	2 298.4	1 905.0	4 406.4	2 527.0
廊坊市	49 023.3	12 222.7	20 623.8	51 498.2	14 697.6
石家庄市	67 373.0	15 248.1	24 071.6	70 261.6	18 136.6
忻州市	17.6	10.5	7.0	18.4	11.3
张家口市	462.7	275.4	374.3	507.6	320.3

单位面积耕地施肥量也是衡量施肥量多少的一个重要指标。从全流域的情况看，2014 年平均每公顷耕地施用氮肥 292.51 kg，施用磷肥 90.27 kg。大清河流域的化肥施用水平

接近全国的平均水平，但是超过西方发达国家为防止化肥污染而设置的化肥施用量安全上限 225 kg/（hm²·a）。

3.2.4 氮、磷流失系数

在不考虑地下淋溶的情况下，肥料的流失主要发生在当降水强度大于土壤入渗能力时或当农田排水时，发生土壤侵蚀，产生地表径流，土壤氮、磷随地表径流和泥沙向地表水体迁移。一般通过肥料流失系数来表征由于施肥而额外流入地表水体的氮（磷）的负荷量。

氮（磷）流失系数=（常规施肥氮或磷流失量 − 不施肥氮或磷流失量）/
肥料氮（磷）施用量

由于流失系数与耕作方式存在密切关系，因此将肥料流失系数按照水稻、大田一熟作物、蔬菜、大田二熟作物和园地 5 种类型进行划分。不同地区流失系数选取一般采用文献收集和现场调研相结合方式进行。

除与耕作方式相关外，肥料流失系数还受到降水及地形的影响。一般来讲地形坡度越大或年降水量越大均会加剧地表径流产生，从而使得氮（磷）流失量增加。因此还需对农作物肥料流失系数进行修正。本书按照《全国水环境容量核定技术指南》中提出的标准农田修正系数：土地坡度在 25°以下，流失系数为 1.0～1.2；土地坡度在 25°以上，流失系数为 1.2～1.5。而对于年降水量在 400 mm 以下地区降雨修正系数为 0.6～1.0；在400～800 mm 的地区降雨修正系数为 1.0～1.2；年降水量在 800 mm 以上的地区降雨修正系数为 1.2～1.5。

根据肥料流失系数确定方法，将大清河流域农作物类型分为大田一熟作物、蔬菜、大田二熟作物和园地 4 种类型。肥料流失系数数值采用第一次全国污染源普查《农业污染源肥料流失系数手册》中的数据。肥料流失系数分为三部分，其中总体流失系数是指在常规施肥模式下土地氮、磷的总体流失比例，基础流失系数是指在不施肥情况下土地氮、磷的流失比例，施肥流失系数是指由于施加肥料所增加的土地氮、磷流失比例。具体见表 3-4。

表 3-4 大清河流域不同农作物类型肥料流失系数   单位：%

农作物类型	总体流失系数		基础流失系数		施肥流失系数	
	总氮	总磷	总氮	总磷	总氮	总磷
大田一熟	1.105	0.345	0.540	0.193	0.565	0.151
蔬菜	3.468	0.443	2.800	0.114	0.668	0.329
大田二熟	1.504	0.301	1.079	0.236	0.425	0.065
园地	1.568	0.409	1.520	0.306	0.048	0.103

3.2.5　畜禽养殖数量

大清河流域 2014 年生猪出栏量为 922 万头，大牲畜养殖量为 131.17 万头，羊养殖量为 490.19 万头，家禽出栏量为 11 801.89 万只。从表 3-5 可以看出，在大清河流域各县中，定州市 2014 年生猪养殖量最高，达到 58.72 万头；而对于大牲畜，大城县养殖量最大，达到 8.16 万头，定州市以 7.42 万头的数量紧随其后；对于羊，唐县养殖量最大，达到 32.31 万头，其次是永清县，数量为 26.34 万头；家禽出栏量最大的为无极县，达到 1 201.74 万只，其次是新乐市，达到 1 145.40 万只。大清河流域各设区市畜禽饲养数量如图 3-4 所示，畜禽养殖数量最多的为石家庄市和保定市，分别占全流域总量的 38.3% 和 37.4%。其中对于生猪而言保定市饲养量占到了整个大清河流域的 45.7，其次是石家庄市，占 23.7%；大牲畜养殖量保定市最大，占比为 38.3%，其次为石家庄市，占比为 21.8%；羊的养殖量数目排名前两位的为保定市和石家庄市，二者共占养殖总量的 68.3%；家禽养殖量最大的为石家庄市，占比约为 40.8%，其次是保定市的 36.4%。

表 3-5　大清河流域 2014 年畜禽饲养数量　　　　单位：10^4 头（只）

县（市、区）	猪	大牲畜	羊	家禽
安国市	5.40	0.33	2.27	191.49
安平县	19.65	0.15	1.31	70.58
安新县	1.34	0.05	0.43	21.78
霸州市	10.45	0.30	10.61	—
保定市区	16.50	0.46	4.57	155.30
北京市	1.80	0.20	0.68	25.45
博野县	11.69	0.36	2.80	82.21
大城县	7.99	8.16	21.77	—
定兴县	44.74	2.49	23.30	488.20
定州市	58.72	7.42	21.29	806.04
繁峙县	1.27	0.46	5.81	0.36
阜平县	5.53	1.87	6.00	36.90
高碑店市	25.11	1.69	14.30	288.62
高阳县	5.26	0.35	3.10	61.25
藁城市	14.23	1.23	3.61	538.49
固安县	24.46	2.85	19.36	—
行唐县	29.10	6.63	6.50	501.87
河间市	10.31	1.84	10.96	311.41
浑源县	1.20	0.52	3.64	7.53
涞水县	14.90	1.72	17.69	75.70
涞源县	3.98	1.81	15.82	45.53
蠡县	5.73	0.72	3.97	121.89
灵丘县	3.65	3.29	20.17	18.78

县（市、区）	猪	大牲畜	羊	家禽
灵寿县	18.99	1.43	3.93	125.78
满城县	20.57	1.70	8.63	248.94
青　县	5.27	3.26	8.49	200.18
清苑区	11.23	3.26	6.44	514.32
曲阳县	9.96	4.01	8.14	163.58
饶阳县	3.97	0.24	1.26	85.95
任丘市	8.36	1.48	9.38	651.99
容城县	18.05	0.73	2.36	75.03
深泽县	12.34	0.55	5.58	159.61
顺平县	5.51	1.18	8.04	72.10
肃宁县	8.87	0.46	5.69	377.71
唐　县	26.50	4.07	32.31	226.51
望都县	8.94	1.32	3.17	131.93
蔚　县	0.67	0.30	1.08	0.38
文安县	6.45	1.08	21.31	—
无极县	34.73	6.97	14.99	1 201.74
献　县	12.32	2.32	9.91	179.65
新乐市	52.27	4.65	2.20	1 145.40
雄　县	6.91	0.21	7.00	69.33
徐水区	49.46	5.46	5.62	249.58
易　县	21.88	5.64	13.38	232.99
永清县	18.75	2.79	26.34	—
正定县	16.54	1.90	1.34	576.19
涿鹿县	8.35	1.53	5.71	26.13
涿州市	24.91	1.57	14.04	236.85

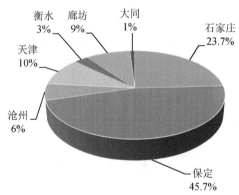

（a）猪　　　　　　　　　　　　　　（b）大牲畜

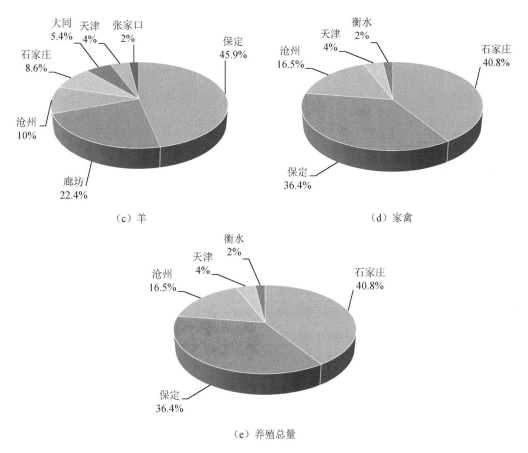

（c）羊   （d）家禽

（e）养殖总量

图 3-4 大清河流域 2014 年各设区市牲畜养殖量比例

3.3 核算结果分析

3.3.1 种植业非点源污染负荷估算

（1）流域种植业概况

大清河流域土地、光热资源丰富，适于农作物生长。主要粮食作物有小麦、大麦、玉米、高粱、水稻、豆类等，主要经济作物有棉花、油料、麻类、烟叶等，是中国主要粮食生产基地，主体属于黄淮海农业区。大清河流域有获得农业部表彰的 2014 年全国粮食生产先进县 7 个，其中北京 1 个（房山区）、河北 6 个（定州市、魏县、清苑区、河间市、定兴县、藁城区）。

大清河流域的化肥施用量比较高，刘忠等研究了中国不同区域化肥施肥量的差异，结果表明中国化肥消费的主要区域是黄淮海平原区、长江中下游区和东北区，这 3 个区的化肥消费总量占到了全国化肥消费总量的 2/3 以上。大清河流域的主体在黄淮海平原区，是中国化肥消费量最大的区域之一。

以北京、天津和河北为例，2008 年平均每亩耕地化肥施用量分别为 39 kg、38.9 kg 和 33 kg，均高于全国当年的平均水平，在全国化肥施用量排名中分别位列第 9、第 10 和第 14 位。另外大清河流域的化肥利用率很低。赵荣芳等对华北地区冬小麦—夏玉米轮作体系农田氮输入输出的平衡状况进行了分析，结果表明化肥氮施入量为 545 kg/hm²，氨挥发、反硝化和淋溶损失的氮分别为 120 kg/hm²、16 kg/hm² 和 136 kg/hm²，分别占化肥氮施入量的 22%、2.9%和 25%。其中，淋溶是各种损失途径中最大的。通过各种途径损失的氮对环境造成潜在的威胁。

（2）结果分析

利用种植业非点源污染物输出量计算模型，计算出大清河流域 2010—2015 年各个县（市、区）输出量，即肥料流失量。把各个县的肥料流失量归类加总，就得到相应的各个设区市及各个水资源三级区的肥料流失量。

以 2014 年为例，大清河流域（不包括天津市）通过地表径流流失总氮 9 688 t，总磷 404.40 t，总氮、总磷流失量分别占当年氮肥、磷肥施用量的 2.20%和 0.39%。其计算结果与前人在南方地区所做研究相比较低。王桂苓等通过田间径流池法，研究了巢湖流域麦稻轮作种植条件下农田地表径流氮、磷流失的特征，结果表明常规施肥条件下麦稻轮作农田氮肥流失率在 6%左右。主要原因是大清河流域降水量以及地表径流量均较小，仅在夏季 7—8 月出现大强度的降雨时会出现氮的地表径流损失，因此计算得到的氮与磷径流损失率较小。种植业总氮与总磷地表流失量较大的区域主要分布在大清河淀西平原以及大清河淀东平原，而大清河山区坡度较大导致耕地数量较小，以及所种植物以高粱、玉米等谷物为主，亩均施肥量较小等，使得其总氮、总磷的地表流失量仅占全流域总量的 19.7%和 19.5%。在大清河各县中，由于定州市耕地面积较大，达到 11 万 hm²，占全流域总量的 4.72%，因此其总氮、总磷的地表径流损失量最大，分别达到 785.8 t 和 43.0 t；而在地级市中，保定市总氮、总磷地表径流损失量最大，占到了全流域总量的 52%和 53%，其次是石家庄市，占比分别为 16%和 14%（图 3-5）。

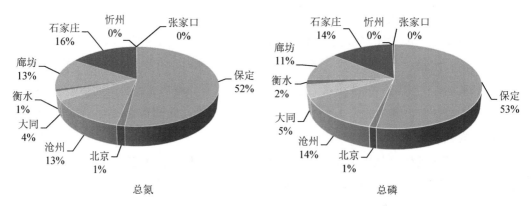

图 3-5　大清河流域 2014 年各设区市营养素流失比例

　　不同农作物类型由于种植面积及亩均施肥量的不同会造成最终总氮、总磷的流失量不同，通常小麦、玉米等谷物单位面积施肥量较小，一般平均投入氮 300 kg/hm^2 和磷 150 kg/hm^2，而蔬菜水果等施肥量较大，而且施肥种类多，包括有机肥、无机肥、复合肥等均会使用。孙旭霞在研究廊坊市蔬菜种植业化肥施用量时发现平均施肥量氮达到 992.8 kg/hm^2、磷 537.7 kg/hm^2，均远远超过推荐用量。通过将各县（市、区）各种农作物总氮、总磷流失量分别进行统计并加和得到不同农作物总氮、总磷流失量的比例关系（图 3-6），可以看出蔬菜在各类农作物中总氮、总磷流失量最大，分别占全部流失量的 51.8% 和 48.4%；其次是玉米，占总氮、总磷全部流失量的 16.7% 和 18.9%，主要原因是玉米是大清河流域种植面积最大的农作物，其耕种面积占全部农作物耕种面积的 36.63%，小麦的总氮与总磷的流失量分别占全部流失量的 11.3% 和 14.8%。

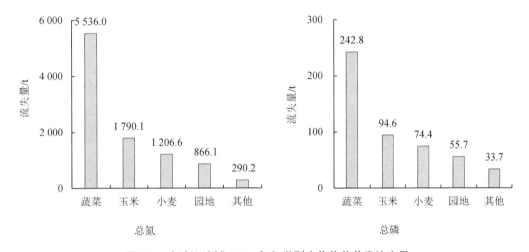

图 3-6　大清河流域 2014 年各类型农作物营养素流失量

　　由于农耕地带来的非点源污染负荷可由两方面组成：一方面为土壤本身由于淋溶作用而流失的氮和磷，记为基础流失量；另一方面是因为施肥而额外产生的流失量，记为施肥流失量。通过对大清河流域各县（市、区）相关数据进行统计，发现基础流失量占种植业非点源污染负荷的主要部分。以 2014 年为例，大清河流域总氮的基础流失量为 7 601 t，占全部流失量的 78.45%，施肥流失量为 2 088 t，占全部流失量的 21.55%；总磷的情况有所不同，基础流失量与施肥流失量大体相当。各个地市的占比也不尽相同，其中大同市总氮基础流失量占比最小，为 71.38%；张家口市总氮基础流失量占比最大，达到 92.33%。

　　衡量肥料流失量大小的重要指标是单位耕地面积肥料流失量。从全流域的情况来看，单位面积地表径流方式总氮流失量为 4.24 kg/hm^2，总磷流失量为 0.25 kg/hm^2。

　　在大清河流域各县中，正定县单位面积总氮流失量最高，达到 12.92 kg/hm^2，其次是藁城市，为 11.76 kg/hm^2，单位面积总氮流失量最小的为蔚县，仅为 0.77 kg/hm^2；藁城市单位面积总磷流失量最高，为 0.72 kg/hm²，其次为博野县，达到 0.62 kg/hm²，单位面积总磷流失量最小的为阜平县，仅为 0.05 kg/hm²（表 3-6）。单位面积污染物流失量大小主要与农作物种类有关，如施肥量高的蔬菜瓜类和其他两熟作物播种面积大，肥料流失量就相对较高，藁城市耕地面积较小，仅为最大耕地面积定州市的 1/7，但其蔬菜种植面积在大清河流域各县排名第一，达到 3.62 万 hm²。从各设区市来看，北京市总氮单位面积污染物流失量最高，达到 11.53 kg/hm²，其次是石家庄市的 7.44 kg/hm²；对于总磷来讲，依然是北京市单位面积流失量最大，达到 0.49 kg/hm²，其次是大同市的 0.42 kg/hm²。

表 3-6　2014 年单位耕地面积地表径流污染物流失量

县（市、区）	耕地面积/km²	流失量/t		通量/（kg/hm²）	
		总氮	总磷	总氮	总磷
安国市	390.5	131.6	5.9	3.37	0.15
安平县	149.4	47.4	6.3	3.17	0.42
霸州市	712.1	403.2	15.6	5.66	0.22
保定市区	39.1	29.3	1.27	5.51	0.32
北京市	113.5	130.9	5.5	11.53	0.49
博野县	314.7	218.3	19.5	6.94	0.62
大城县	813.4	100.7	8.8	1.24	0.11
定兴县	582.6	292.1	27.5	5.01	0.47
定州市	1 100.1	785.8	43.0	7.14	0.39
繁峙县	2.7	0.3	0.1	1.07	0.22
阜平县	179.7	71.0	0.9	3.95	0.05
高碑店市	531.0	143.0	8.2	2.69	0.15
高阳县	425.0	164.8	4.4	3.88	0.10
藁城市	154.3	181.3	11.2	11.76	0.72
固安县	530.1	392.7	19.8	7.41	0.37
行唐县	632.8	306.9	7.8	4.85	0.12
河间市	1 023.8	277.1	13.5	2.71	0.13
浑源县	85.3	63.3	4.1	7.42	0.48
涞水县	394.1	94.8	4.0	2.41	0.10
涞源县	371.3	59.4	3.5	1.60	0.09
蠡县	578.4	251.4	8.2	4.35	0.14
灵丘县	531.3	276.9	21.9	5.21	0.41
灵寿县	192.9	49.4	3.1	2.56	0.16
满城县	387.5	175.9	5.9	4.54	0.15
青县	641.9	175.3	14.6	2.73	0.23
清苑区	807.5	480.8	28.2	5.95	0.35
曲阳县	623.8	141.6	7.4	2.27	0.12
饶阳县	100.2	47.4	2.8	4.73	0.28
任丘市	861.3	401.8	10.1	4.67	0.12
容城县	256.3	122.1	4.9	4.76	0.19

县（市、区）	耕地面积/km²	流失量/t		通量/（kg/hm²）	
		总氮	总磷	总氮	总磷
深泽县	147.2	97.2	5.3	6.61	0.36
顺平县	325.6	226.8	5.2	6.97	0.16
肃宁县	467.2	316.6	22.8	6.78	0.49
唐县	441.4	361.8	16.3	8.20	0.37
天津市	—	—	—	—	—
望都县	327.9	180.0	12.1	5.49	0.37
蔚县	1.9	0.1	0.0	0.77	0.16
文安县	916.3	150.8	5.2	1.65	0.06
无极县	424.5	430.6	21.8	10.14	0.51
献县	391.2	107.9	7.7	2.76	0.20
新乐市	418.1	325.5	12.2	7.79	0.29
雄县	459.8	90.1	8.6	1.96	0.19
徐水区	583.4	336.1	15.2	5.76	0.26
易县	789.9	217.9	11.9	2.76	0.15
永清县	377.0	191.8	7.4	5.09	0.20
正定县	135.0	174.5	8.2	12.92	0.61
涿鹿县	61.8	8.5	2.0	1.37	0.33
涿州市	574.2	262.5	11.1	4.57	0.19

3.3.2 畜禽养殖非点源污染负荷估算

（1）粪便产生量

通过式（3-1）可计算得到 2014 年大清河流域各县畜禽粪便产生量，从中可以看出 2014 年大清河流域产生粪便总和为 2 816.89 万 t，其中猪粪产生量最大达到 1 214.72 万 t，占 43.1%；其次是大牲畜粪便，数量为 1 045.51 万 t，占比 37.1%；家禽粪便和羊粪便分别占到 14.5%和 5.2%。具体到各县（市、区），定州市畜禽养殖量大，特别是生猪及大牲畜数量巨大使得其粪便产生量位列第一，达到 191.76 万 t，其次是无极县的 164.18 万 t 和新乐市的 163.16 万 t（表 3-7）。

表 3-7 2014 年大清河流域各县（市、区）畜禽粪便量 单位：万 t

县（市、区）	猪	大牲畜	羊	家禽	总和
安国市	8.08	3.01	0.72	6.99	18.80
安新县	2.01	0.46	0.14	0.79	3.39
保定市区	24.69	4.20	1.45	5.67	36.01
博野县	17.49	3.29	0.89	3.00	24.67
定兴县	66.95	22.72	7.40	17.82	114.89
阜平县	8.28	17.06	1.91	1.35	28.59
高碑店市	37.58	15.42	4.54	10.53	68.07

县（市、区）	猪	大牲畜	羊	家禽	总和
高阳县	7.87	3.19	0.98	2.24	14.29
涞水县	22.30	15.72	5.62	2.76	46.40
涞源县	5.96	16.52	5.02	1.66	29.17
蠡县	8.57	6.57	1.26	4.45	20.85
满城县	30.78	15.51	2.74	9.09	58.12
清苑区	16.81	29.75	2.05	18.77	67.37
曲阳县	14.91	36.59	2.58	5.97	60.05
容城县	27.01	6.66	0.75	2.74	37.16
顺平县	8.25	10.77	2.55	2.63	24.20
唐县	39.66	37.14	10.26	8.27	95.32
望都县	13.38	12.05	1.01	4.82	31.25
雄县	10.34	1.92	2.22	2.53	17.01
徐水区	74.02	49.82	1.78	9.11	134.73
易县	32.74	51.47	4.25	8.50	96.96
涿州市	37.27	14.31	4.46	8.65	64.68
定州市	87.87	67.71	6.76	29.42	191.76
北京市	2.69	1.85	0.22	0.93	5.69
河间市	15.43	16.79	3.48	11.37	47.06
青县	7.89	29.77	2.70	7.31	47.66
任丘市	12.50	13.51	2.98	23.80	52.79
肃宁县	13.28	4.21	1.81	13.79	33.08
献县	18.44	21.20	3.15	6.56	49.34
浑源县	1.80	4.77	1.16	0.27	8.01
灵丘县	5.46	30.06	6.40	0.69	42.61
安平县	29.40	1.40	0.41	2.58	33.79
饶阳县	5.94	2.23	0.40	3.14	11.71
霸州市	15.64	2.73	3.37	0.00	21.74
大城县	11.96	74.46	6.91	0.00	93.33
固安县	36.61	26.03	6.15	0.00	68.78
文安县	9.65	9.86	6.77	0.00	26.27
永清县	28.05	25.43	8.36	0.00	61.85
藁城市	21.29	11.25	1.15	19.66	53.35
行唐县	43.55	60.50	2.06	18.32	124.43
灵寿县	28.41	13.06	1.25	4.59	47.31
深泽县	18.47	5.05	1.77	5.83	31.12
无极县	51.98	63.58	4.76	43.86	164.18
新乐市	78.22	42.43	0.70	41.81	163.16
正定县	24.75	17.32	0.42	21.03	63.53
天津市	115.10	105.25	5.72	14.97	241.04
繁峙县	1.90	4.16	1.84	0.01	7.92
蔚县	1.00	2.76	0.34	0.01	4.12
涿鹿县	12.49	13.97	1.81	0.95	29.24
总　计	1 214.72	1 045.51	147.43	409.22	2 816.89

注：大清河流域中北京市仅包含房山区，故北京市数据实际为房山区数据；天津市由于无法获取具体各区数据，在本研究中作为整体考虑。

（2）粪便产生当量

由于不同类型的畜禽粪便肥效养分差异较大，即使数量相同，但因粪便类型不同而产生的实际效果也不同，不能直接叠加，因此，我们根据各类畜禽粪便的营养元素含量，将各种畜禽粪便统一换算成猪粪当量，然后再进行叠加。按照相关文献数据，各类畜禽粪便换算成猪粪当量的系数为猪粪 1.0，牛粪、鸡粪 2.51，羊粪 1.23。用猪粪当量除以年末常用耕地面积可得出单位耕地面积猪粪当量负荷，用单位耕地面积猪粪当量负荷除以有机肥理论最大适宜施肥量并以猪粪当量计，就得到畜禽粪便负荷警报值。一般认为每公顷土地能够负载的畜禽粪便在 30～45 t，如果高出这一水平就会带来土壤的富营养化。本章取中间值 37.5 t/hm² 为最大理论适宜负荷，据此计算畜禽粪便负荷警报值。

表 3-8 为畜禽粪便负荷警报值分级。

表 3-8　畜禽粪便负荷警报值分级

指　标	<0.4	0.4～0.7	0.7～1	1～1.5	1.5～2.5	>2.5
分级指数	I	II	III	IV	V	VI
环境影响	无	一般	有	较严重	严重	很严重

对大清河流域各县（市、区）2014 年畜禽粪便负荷进行计算，得到大清河流域总体畜禽粪便负荷警报值为 0.58，达到一般级，说明总体上畜禽粪便对环境存在压力不大。但在局部地区仍存在较大风险，有 3 个县（市、区）达到很严重级别，其中繁峙县和蔚县分别为 14.70 和 11.95，主要原因是这两个县均地处山区，耕地面积极小，据统计在流域内仅为 266 hm² 和 187 hm²，导致了畜禽粪便负荷较大。在大清河流域 49 个县（市、区）中，有 3 个县（市、区）属于Ⅵ级，5 个属于Ⅴ级，4 个属于Ⅳ级，6 个属于Ⅲ级，Ⅲ级及以上的共计 18 个，占比 36%，主要分布在西部山区。

（3）畜禽粪便流失量

运用前文所述畜禽养殖污染物输出量流失量估算模型，计算出大清河流域各个县（市、区）畜禽养殖污染物输出量，也即畜禽养殖污染物流失量。

大清河流域 2014 年畜禽养殖流失总氮 12 205 t，流失总磷 3 648 t，流失 COD 57398 t，流失氨氮 4 125 t。从来源分类看，总氮流失量最大的来源为家禽，占总流失量的 33%；其次是大牲畜，占总流失量的 31%。而总磷的流失量分布中，家禽和生猪占到了前两位，分别为总量的 41% 和 26%。COD 流失量最大的来源为大牲畜，占总流失量的 45%；其次是生猪，占总流失量的 28%。在氨氮的流失量分布中，家禽和大牲畜占据了前两位，各占 35%（图 3-7，表 3-9）。

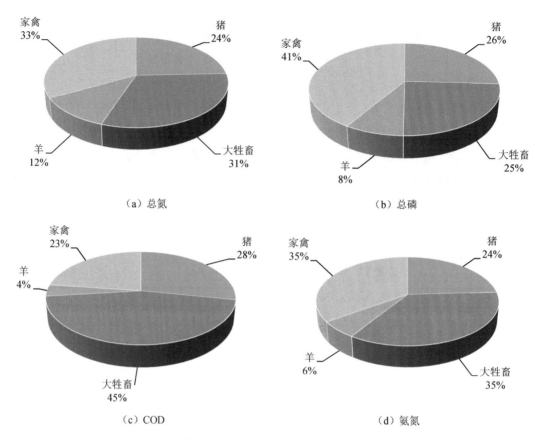

（a）总氮　　　　　　　　　　　　　（b）总磷

（c）COD　　　　　　　　　　　　　（d）氨氮

图 3-7　大清河流域 2014 年畜禽养殖污染物流失量来源

表 3-9　2014 年大清河流域各县畜禽养殖非点源污染物流失量　　　　　　单位：t

县（市、区）	总氮	总磷	COD	氨氮
安国市	109.9	36.8	417.3	36.8
安新县	16.0	5.2	65.7	5.3
保定市区	147.2	46.7	638.0	48.3
博野县	93.4	29.1	425.2	30.8
定兴县	499.6	152.7	2 137.3	161.4
阜平县	112.9	29.4	603.5	38.2
高碑店市	299.2	90.8	1 288.1	96.8
高阳县	63.2	19.2	270.3	20.4
涞水县	194.0	52.2	855.8	59.3
涞源县	140.4	35.3	612.3	42.3
蠡　县	102.6	31.5	438.2	34.0
满城县	250.1	76.4	1 127.6	83.1
清苑区	360.6	113.3	1 593.0	124.7
曲阳县	252.3	69.6	1 334.0	87.9
容城县	123.8	37.6	626.6	41.8
顺平县	110.7	30.6	497.4	35.3

县（市、区）	总氮	总磷	COD	氨氮
唐　县	414.8	113.9	1 860.6	130.4
望都县	134.4	40.5	646.6	46.2
雄　县	80.2	23.8	298.5	23.9
徐水区	463.9	134.6	2 546.5	163.1
易　县	390.2	108.3	2 046.7	134.6
涿州市	274.1	82.2	1 194.8	88.2
北京市	24.8	7.5	114.9	8.4
河间市	249.3	76.4	1 036.0	82.1
青　县	226.7	64.1	1 114.9	77.9
任丘市	355.1	118.1	1 307.0	118.6
肃宁县	208.2	70.1	749.8	68.7
献　县	218.5	63.0	1 027.0	72.8
浑源县	35.6	8.8	167.3	11.0
灵丘县	190.6	45.2	928.7	59.5
定州市	821.6	248.2	3 896.0	279.9
安平县	105.9	33.7	518.5	35.3
饶阳县	58.7	19.1	241.3	19.7
霸州市	81.0	21.2	324.8	22.3
大城县	359.9	84.9	2 100.8	124.0
固安县	240.8	61.8	1 222.3	76.0
文安县	126.2	29.9	467.7	33.4
永清县	240.8	59.8	1 123.2	72.3
藁城市	306.4	102.9	1 211.1	104.5
行唐县	527.6	156.6	2 700.1	186.6
灵寿县	173.9	52.1	870.2	59.2
深泽县	140.3	44.0	585.0	45.6
无极县	851.8	269.3	3 746.1	293.4
新乐市	777.4	254.7	3 453.1	270.8
正定县	342.9	114.1	1 442.0	119.2
天津市	2 090.5	589.0	4 714.6	299.8
繁峙县	38.0	8.9	154.5	10.6
蔚　县	15.7	3.8	87.1	5.3
涿鹿县	107.1	28.3	569.9	35.8

在各县（市、区）中，无极县由于畜禽粪便产生量最大，使得其各项污染物流失量均位列 49 个县（市、区）榜首，总氮、总磷、COD、氨氮流失量分别达到 851.8 t、269.3 t、3 746.1 t 和 293 t。

（4）畜禽粪便流失量

单位土地面积承载的畜禽养殖污染物流失量可以反映畜禽养殖污染物对环境的影响程度，大清河流域 2014 年畜禽养殖单位面积流失总氮 2.799 kg/hm²，流失总磷 0.829 kg/hm²，流失 COD 13.049 kg/hm²，流失氨氮 0.938 kg/hm²。

平原区单位面积流失量较大，其中正定县各种畜禽养殖污染物单位面积流失量最大，总氮、总磷、COD 和氨氮分别达到 22.80 kg/hm²、7.59 kg/hm²、95.90 kg/hm² 和 7.93 kg/hm²；北京市最小，总氮、总磷、COD 和氨氮分别达到 0.19 kg/hm²、0.06 kg/hm²、0.06 kg/hm² 和 0.06 kg/hm²。在各地级市中石家庄市单位面积污染物流失量最高，总氮、总磷、COD 和氨氮分别达到 9.76 kg/hm²、3.11 kg/hm²、43.80 kg/hm² 和 3.38 kg/hm²（图 3-8）。

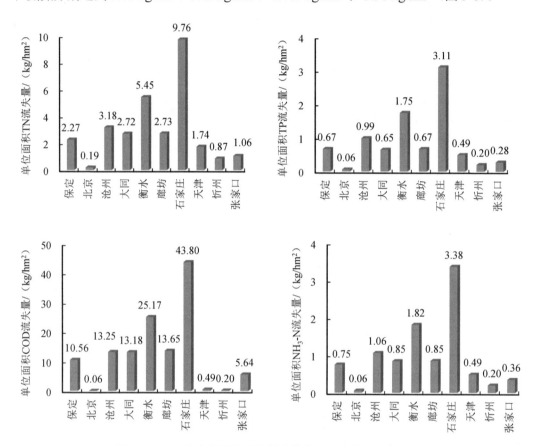

图 3-8　2014 年各设区市畜禽养殖单位面积非点源污染流失量

3.3.3　农村生活非点源污染负荷估算

用前文农村生活污染物流失量估算模型，计算出大清河流域各县（市、区）农村生活污染物流失量。从表 3-10 可以看出，2014 年大清河流域生活污染排放量中总氮流失量为 20 602.7 t，总磷流失量为 1 832.3 t，COD 流失量为 67 509.8 t，氨氮流失量为 16 466.0 t。各县（市、区）中河间市农村生活源各类型污染物流失量最大，总氮、总磷、COD、氨氮分别为 939.7、83.7 t、3 078.8 t 和 750.9 t。从各设区市的结果看，保定市由于区域内农村人口众多使得总氮、总磷、COD 和氨氮的流失量分别达到 9 882.8 t、879.9 t、32 378.8 t 和 7 897.4 t，占到流域总量的 48.4%。

表 3-10 2014 年大清河流域农村生活污染流失量 单位：t

区 县	总氮	总磷	COD	氨氮
安国市	354.3	31.5	1 160.7	283.1
安新县	436.1	38.8	1 428.9	348.5
保定市区	170.9	15.2	559.9	136.6
博野县	256.3	22.8	839.6	204.8
定兴县	546.8	48.7	1 791.3	436.9
阜平县	242.7	21.6	795.1	193.9
高碑店市	465.4	41.4	1 524.7	371.9
高阳县	362.1	32.2	1 186.4	289.4
涞水县	341.2	30.4	1 118.0	272.7
涞源县	273.4	24.3	895.9	218.5
蠡 县	534.4	47.6	1 751.0	427.1
满城县	375.1	33.4	1 228.8	299.7
清苑区	669.7	59.6	2 194.1	535.1
曲阳县	646.4	57.6	2 117.6	516.5
容城县	244.3	21.8	800.3	195.2
顺平县	336.5	30.0	1 102.5	268.9
唐 县	643.5	57.3	2 108.2	514.2
望都县	258.7	23.0	847.5	206.7
雄 县	342.6	30.5	1 122.4	273.8
徐水区	561.3	50.0	1 839.0	448.5
易 县	648.0	57.7	2 122.9	517.8
涿州市	472.4	42.1	1 547.8	377.5
定州市	700.9	62.4	2 296.2	560.1
北京市	48.5	4.3	158.8	38.8
河间市	939.7	83.7	3 078.8	750.9
青 县	352.1	31.4	1 153.6	281.4
任丘市	929.1	82.7	3 043.9	742.4
肃宁县	435.5	38.8	1 426.8	348.0
献 县	311.0	27.7	1 019.0	248.5
浑源县	52.9	4.8	173.4	42.3
灵丘县	203.8	18.4	668.4	163.0
安平县	111.8	10.0	366.4	89.4
饶阳县	60.5	5.4	198.2	48.3
霸州市	605.3	53.9	1 983.3	483.7
大城县	712.8	63.5	2 335.3	569.6
固安县	524.2	46.7	1 717.5	418.9
文安县	752.4	67.0	2 465.1	601.3
永清县	315.5	28.1	1 033.6	252.1
藁城市	144.5	12.9	473.4	115.5
行唐县	298.6	26.6	978.3	238.6
灵寿县	140.5	12.5	460.4	112.3
深泽县	110.2	9.8	361.1	88.1

区 县	总氮	总磷	COD	氨氮
无极县	377.4	33.6	1 236.3	301.5
新乐市	360.1	32.1	1 179.7	287.7
正定县	91.5	8.1	299.7	73.1
天津市	2 611.0	229.8	8 563.9	2 088.8
繁峙县	35.1	3.2	115.1	28.1
蔚 县	34.1	3.0	111.6	27.2
涿鹿县	161.6	14.4	529.4	129.1

单位土地面积承载的农村生活污染物流失量可以反映农村生活污染物对环境的影响程度。以 2014 年为例，大清河流域农村生活单位面积流失总氮 4.49 kg/hm^2，总磷 0.4 kg/hm^2，COD 15.34 kg/hm^2，氨氮 3.74 kg/hm^2。平原区单位面积流失量较大，其中保定市区各种生活源污染物单位面积流失量最大，总氮与总磷分别达到 12.59 kg/hm^2 和 1.13 kg/hm^2，COD 与氨氮分别达到 41.26 kg/hm^2 和 10.06 kg/hm^2；灵丘县最小，总氮与总磷分别为 0.79 kg/hm^2 和 0.07 kg/hm^2，COD 与氨氮分别为 2.57 kg/hm^2 和 0.63 kg/hm^2。在各地级市中沧州市单位面积污染物流失量最高，总氮和总磷分别达到 7.6 kg/hm^2 和 0.7 kg/hm^2，COD 和氨氮分别达到 18.3 kg/hm^2 和 4.5 kg/hm^2。保定市虽然污染物流失总量最大，但由于区域面积较大且西部山区地广人稀使得其单位面积流失量排在第六位（图 3-9）。

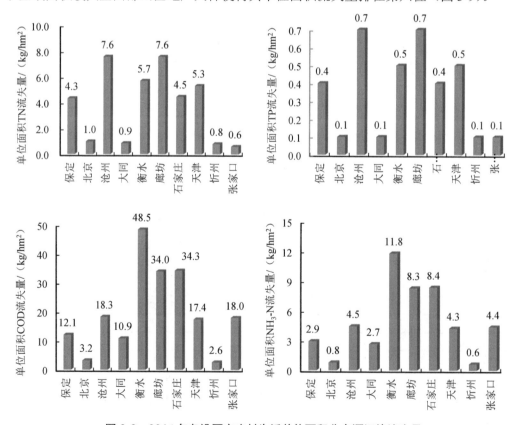

图 3-9　2014 年各设区市农村生活单位面积非点源污染流失量

3.3.4 农业非点源污染负荷总量

将种植业非点源污染物产生量、畜禽养殖污染物产生量以及农村生活非点源污染物产生量的估算结果加总，得到大清河流域农业非点源污染物产生量。

表 3-11 2014 年大清河流域农业非点源污染流失量　　　　　单位：t/a

县（市、区）	总氮	总磷	COD	氨氮
安国市	595.7	74.3	1 578.0	319.9
安平县	265.1	50.0	884.9	124.7
安新县	456.0	44.3	1 494.5	353.8
霸州市	1 089.5	90.7	2 308.1	506.0
保定市区	537.4	74.5	1 197.9	184.8
北京市	204.1	17.3	2 411.1	120.8
博野县	567.9	71.4	1 264.8	235.6
大城县	1 173.4	157.2	4 436.1	693.5
定兴县	1 338.4	228.9	3 928.6	598.3
定州市	2 308.2	353.6	4 564.4	568.4
繁峙县	73.3	12.1	269.6	38.6
阜平县	426.6	52.0	1 398.6	232.1
高碑店市	907.6	140.4	2 812.8	468.7
高阳县	590.1	55.9	1 456.7	309.8
藁城市	632.2	126.9	1 684.5	220.0
固安县	1 157.7	128.3	2 939.8	494.8
行唐县	1 133.1	191.1	3 678.4	425.2
河间市	1 466.1	173.5	1 194.8	828.9
浑源县	151.8	17.7	1 186.4	101.7
涞水县	630.0	86.7	1 973.8	332.0
涞源县	473.2	63.1	1 508.1	260.8
蠡　县	888.4	87.4	2 189.1	461.0
灵丘县	671.4	85.5	1 102.1	442.9
灵寿县	363.9	67.7	1 330.7	171.5
满城县	801.0	115.6	2 356.4	382.8
青　县	754.0	110.1	4 193.7	400.0
清苑区	1 511.0	201.2	3 787.1	659.9
曲阳县	1 040.2	134.5	3 451.6	604.4
饶阳县	166.6	27.4	439.5	68.0
任丘市	1 686.0	211.0	2 460.7	811.1
容城县	490.1	64.3	1 426.9	237.0
深泽县	347.7	59.1	946.1	133.7
顺平县	674.0	65.7	1 599.9	304.2
肃宁县	960.3	131.6	3 793.7	420.8
唐　县	1 420.1	187.5	3 968.8	644.6
天津市	3 468.1	471.3	13 278.5	2 388.6

县（市、区）	总氮	总磷	COD	氨氮
望都县	573.1	75.6	1 494.1	252.9
蔚　县	49.9	6.9	198.7	32.5
文安县	1 029.4	102.1	2 932.9	634.6
无极县	1 659.7	324.7	4 982.4	595.0
献　县	637.4	98.5	2 453.8	259.6
新乐市	1 462.9	298.9	4 632.8	558.5
雄　县	512.9	62.9	1 421.0	297.7
徐水区	1 361.3	199.7	4 385.5	611.6
易　县	1 256.0	178.0	4 169.5	652.4
永清县	748.1	95.3	2 156.8	324.4
正定县	608.9	130.5	1 741.7	192.3
涿鹿县	277.2	44.7	1 099.3	164.9
涿州市	1 009.0	135.4	2 742.6	465.7

由表 3-11 可以看出，2014 年大清河流域农业非点源总氮流失量 42 606 t，总磷流失量 5 963 t，COD 流失量 124 907 t，氨氮流失量 20 591 t。从非点源污染物来源来看，总氮主要来自于农村生活（20 603 t），其次是畜禽养殖（12 315 t）；而总磷主要来源是畜禽养殖（3 648 t），其次是农村生活（1 812 t）。COD 和氨氮的主要来源均为农村生活，占比分别达到 54%和 80%（图 3-10）。

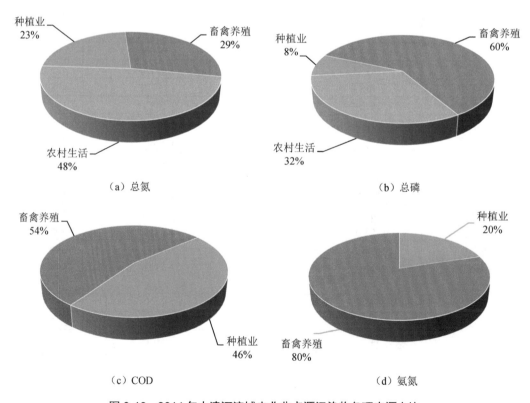

图 3-10　2014 年大清河流域农业非点源污染物各项来源占比

在各县（市、区）中，定州市总氮流失量达到 2 308 t，总磷流失量为 353.6 t，均为大清河流域各县（市、区）之首。流失量最少的为蔚县，总氮和总磷流失量分别为 49.9 t 和 6.9 t。而 COD 和氨氮流失量最大的县为无极县，流失量分别达到 4 982.4 t 和 595.0 t，在大清河流域 49 个县（市、区）中，总氮流失量最大来源为畜禽养殖的县有 9 个，最大来源为农村生活的县有 36 个，最大来源为种植业的有 4 个；总磷流失量最大来源的为畜禽养殖的县（市、区）有 41 个，最大来源为农村生活的有 8 个，最大来源为种植业的有 0 个。

单位土地面积承载的污染物流失量可以反映农业非点源污染对环境的影响程度。从全流域来看，农业非点源单位面积流失总氮 10.13 kg/hm²，流失总磷 1.42 kg/hm²，流失 COD 29.32 kg/hm²，流失氨氮 4.76 kg/hm²。从各县（市、区）来看，正定县单位面积污染物流失量最大，总氮达到 40.49 kg/hm²，总磷达到 8.68 kg/hm²，COD 达到 115.84 kg/hm²，氨氮达到 12.78 kg/hm²。其次是藁城市，单位面积总氮流失量 34.50 kg/hm²，总磷达到 6.93 kg/hm²，COD 达到 115.84 kg/hm²，氨氮达到 12 kg/hm²。可以看出单位面积流失量较大的地区主要在大清河流域中部及西南部，而西北部山区单位面积流失量较小。

从各设区市来看，石家庄市单位面积污染物流失量最大，其中总氮为 19.41 kg/hm²，总磷为 3.75 kg/hm²，COD 为 59.39 kg/hm²，氨氮为 7.18 kg/hm²；其次是衡水市，总氮为 14.30 kg/hm²，总磷为 2.56 kg/hm²，COD 为 43.86 kg/hm²，氨氮为 6.38 kg/hm²。而保定市虽然流失总量较大，但由于其西部山区总面积大但流失量小导致其单位面积流失量排名第五。

3.3.5　农业非点源等标污染负荷分析

本章主要研究了总氮、总磷等污染物指标，每一个区域（各个县、设区市）都含有这几种污染物，且每一种来源（种植业、畜禽养殖、农村生活）也都有这几种污染物。由于这几种污染物性质不同，不能简单地进行相加。为了确定农业非点源污染主要污染物和主要污染源，需要把这 4 种污染物指标建立在统一的基础上，然后进行比较，这个共同的基础就是等标污染负荷。等标污染负荷是某种污染物负荷与地表水水质标准中该种污染物指标的比率，表示要达到相应的水质标准，需要用来稀释该污染物的水量，计算公式为：

$$P_i = 10^{-2} Q_i / C_i \tag{3-3}$$

式中，P_i——某种污染物 i 的等标负荷量，亿 m³；

Q_i——污染物 i 的农业非点源污染负荷，t；

C_i——地表水水质标准中污染物 i 的指标，mg/L。

某种污染物的等标负荷量占所有污染物等标污染负荷总量的比率就是等标负荷比，

计算公式为：

$$P_i\% = P_i / \sum P_i \times 100\% \qquad (3\text{-}4)$$

本章采用《地表水环境质量标准》（GB 3838—2002）中Ⅲ类水质标准来计算非点源污染等标负荷量，其中规定Ⅲ类水质中总氮的限值为 1 mg/L，总磷的限值为 0.2 mg/L，COD 限值为 20 mg/L，氨氮的限值为 1 mg/L，农业非点源污染负荷用各种污染物的流失量来表示。

根据上述等标污染负荷计算公式以及各种污染物的入河量，可以计算出大清河流域各种农业非点源污染物入河等标负荷量，结果见表 3-12。

表 3-12 大清河流域各县 2014 年等标污染负荷量　　　　　　单位：亿 m³

县（市、区）	总氮	总磷	COD	氨氮	总计
安国市	6.0	3.7	0.79	3.2	13.69
安新县	4.6	2.2	0.44	1.2	8.44
保定市区	5.4	3.7	0.75	3.5	13.35
博野县	5.7	3.6	1.15	5.1	15.55
定兴县	13.4	11.4	0.6	1.8	27.2
阜平县	4.3	2.6	0.14	1.2	8.24
高碑店市	9.1	7.0	0.63	2.4	19.13
高阳县	5.9	2.8	2.22	6.9	17.82
涞水县	6.3	4.3	1.96	6.0	18.56
涞源县	4.7	3.2	2.28	5.7	15.88
蠡县	8.9	4.4	0.13	0.4	13.83
满城县	8.0	5.8	0.7	2.3	16.8
清苑区	15.1	10.1	1.41	4.7	31.31
曲阳县	10.4	6.7	0.73	3.1	20.93
容城县	4.9	3.2	0.84	2.2	11.14
顺平县	6.7	3.3	1.47	4.9	16.37
唐县	14.2	9.4	1.84	4.3	29.74
望都县	5.7	3.8	0.6	8.3	18.4
雄县	5.1	3.1	0.59	1.0	9.79
徐水区	13.6	10.0	0.99	3.3	27.89
易县	12.6	8.9	0.75	2.6	24.85
涿州市	10.1	6.8	1.09	4.6	22.59
定州市	23.1	17.7	2.28	5.7	48.78
北京市	2.0	0.9	0.67	1.7	5.27
河间市	14.7	8.7	1.18	3.8	28.38
青县	7.5	5.5	2.1	4.0	19.1

县（市、区）	总氮	总磷	COD	氨氮	总计
任丘市	16.9	10.5	1.89	6.6	35.89
肃宁县	9.6	6.6	1.73	6.0	23.93
献　县	6.4	4.9	0.22	0.7	12.22
浑源县	1.5	0.9	1.23	8.1	11.73
灵丘县	6.7	4.3	0.71	2.4	14.11
安平县	2.7	2.5	0.47	1.3	6.97
饶阳县	1.7	1.4	0.8	3.0	6.9
霸州市	10.9	4.5	1.9	4.2	21.5
大城县	11.7	7.9	1.98	6.4	27.98
固安县	11.6	6.4	6.64	23.9	48.54
文安县	10.3	5.1	0.75	2.5	18.65
永清县	7.5	4.8	0.1	0.3	12.7
藁城市	6.3	6.3	1.47	6.3	20.37
行唐县	11.3	9.6	2.49	5.9	29.29
灵寿县	3.6	3.4	1.23	2.6	10.83
深泽县	3.5	3.0	2.32	5.6	14.42
无极县	16.6	16.2	0.71	3.0	36.51
新乐市	14.6	14.9	2.19	6.1	37.79
正定县	6.1	6.5	2.08	6.5	21.18
天津市	34.7	23.6	1.08	3.2	62.58
繁峙县	0.7	0.6	0.87	1.9	4.07
蔚　县	0.5	0.3	0.1	0.3	1.2
涿鹿县	2.8	2.2	1.37	4.7	11.07

从全流域来看，2014 年农业非点源污染物等标污染负荷量为 992.2 亿 m^3，其中总氮为 426.2 亿 m^3，占总量的 42.9%；总磷占 299.2 亿 m^3，占总量的 30.1%；COD 为 61.4 亿 m^3，占总量的 6.2%；氨氮占 205.4 亿 m^3，占总量的 20.7%。总氮是农业非点源污染最主要的污染物。

从各县（市、区）的结果数据来看，定州市农业非点源污染物等标污染负荷量最大，达到 48.7 亿 m^3，其中总氮为 23.1 亿 m^3，总磷为 17.7 亿 m^3，COD 为 2.28 亿 m^3，氨氮为 5.7 亿 m^3；最小的为蔚县，仅为 1.2 亿 m^3，仅为定州市的 2.66%，其中总氮为 0.5 亿 m^3，总磷为 0.3 亿 m^3，COD 为 0.1 亿 m^3，氨氮为 0.3 亿 m^3。

根据上述等标污染负荷计算公式以及种植业、畜禽养殖和农村生活非点源污染物的入河量，可以计算出大清河流域各类型污染物入河等标负荷量和等标负荷比。从全流域来看，非点源污染物入河等标负荷量中，种植业源占 12.30%，农村生活源占 49.87%，畜禽养殖源占 37.83%，可见，农业非点源污染主要来自畜禽养殖污染和农村生活源。具体到各污染物中，全流域 2014 年总氮等标污染量为 426.1 亿 m^3，其中种植业源占 22.74%，农村生活源占 48.35%，畜禽养殖源占 28.90%；总磷等标污染量为 299.2 亿 m³，其中种植业源占 8.41%，农村生活源占 30.62%，畜禽养殖源占 60.96%；COD 等标污染量为 61.4 亿 m³，其中农村生活源占 53.25%，畜禽养殖源占 46.75%；氨氮等标污染量为 205.9 亿 m³，其中农村生活源占 79.96%，畜禽养殖源占 20.04%；

可以看出总氮、COD 与氨氮主要来源于农村生活，而总磷主要来源于畜禽养殖。

3.4　本章小结

本章采用输出系数模型法，在参考已有输出系数研究成果的基础上，对典型年大清河流域农业非点源污染物负荷量和负荷强度进行估算和空间模拟，得出以下主要结论：

1）通过对输出系数法进行改进，并将其应用在大清河流域，分别计算了大清河流域典型年种植业、畜禽养殖业、农村生活源非点源污染物流失量。在模拟过程中发现：①输出系数法避开了非点源污染发生的复杂过程，具有模型结构简单、建模费用低、所需参数少、操作简便等特点，且能反映不同类型非点源污染负荷的时空分布特征，比较适用于缺乏长系列实测资料的大中型流域的非点源污染研究。②输出系数的选择对于模拟结果具有显著的影响。

2）2014 年大清河流域种植业非点源地表径流流失总氮 9 688 t，总磷数量为 404.40 t，其中总氮基础流失量为 7 601 t，占种植业非点源污染负荷的主要部分。地表流失量较大的区域主要分布在大清河淀西平原及淀东平原。各设区市中，保定市总氮、总磷地表流失最大，占全流域总量的 52% 和 53%。各县（市、区）中，定州市非点源流失量最大。对于各种种植作物而言，蔬菜是各项农作物中总氮、总磷流失量最大的来源，分别占全部流失量的 51.8% 和 48.4%。大清河流域单位面积地表径流方式总磷流失量为 4.24 kg/hm²，总氮流失量为 0.25 kg/hm²。

3）2014 年大清河流域畜禽养殖流失总氮 12 029 t，流失总磷 3 557 t。从来源分类来看，总氮流失量最大的来源为家禽，占总流失量的 33%，其次是大牲畜占到总流失量的 31%；而总磷的流失量分布中，家禽和生猪占到了前两位，分别为总量的 41% 和 26%。在各县（市、区）中，无极县总氮和总磷流失量最大，分别达到 851.8 t 和 269.3 t。

4）2014 年大清河流域农村生活污染排放量中总氮流失量为 20 385 t，总磷流失量为 1 813 t，COD 流失量为 67 509 t，氨氮流失量为 16 465 t。从地域分布看，保定市区域内农村人口众多使得其污染物排放量占全流域比例达到 48.4%。

5）综合各项非点源污染来源，2014 年大清河流域农业非点源总氮流失量为 42 606 t，总磷为 6 586 t。从非点源污染物来源来看，总氮主要来自农村生活，占 48%；其次是畜禽养殖，占比 29%。总磷主要来源是畜禽养殖，占比 60%；其次是农村生活，占比 32%。从各项污染物指标来看，农村生活和畜禽粪便是污染物产生的主要来源。

参考文献

JOHNES P J，HEATHWAITE A L MODELLING. 2015．The Impact of Land Use Change on Water Quality in Agricultural Catchments[J]. Hydrological Processes，11（3）：269-286.

MA X，LI Y，ZHANG M，et al. 2011．Assessment and analysis of non-point source nitrogen and phosphorus loads in the Three Gorges Reservoir Area of Hubei Province，China[J]. Science of the Total Environment，412（412-413）：154-161.

OMERNIK J M. 1976．Influence of land use on stream nutrient levels[J]. Water Air & Soil Pollution.

THORNTON J A，RAST W，HOLLAND M M，et al. 1999．Assessment and control of nonpoint source pollution of aquatic ecosystems：a practical approach[M]. UNESCO.

蔡明，李怀恩，庄咏涛，等．2004．改进的输出系数法在流域非点源污染负荷估算中的应用[J]．水利学报，35（7）：40-45.

陈亚荣，阮秋明，韩凤翔，等．2017．基于改进输出系数法的长江流域面源污染负荷估算[J]．测绘地理信息，42（1）：96-99.

程静，贾天下，欧阳威，等．2017．基于 STELLA 和输出系数法的流域非点源负荷预测及污染控制措施[J]．水资源保护，33（3）：74-81.

丛黎明，焦晓燕，王立革，等．2011．曲沃县日光节能温室蔬菜施肥现状及建议[J]．山西农业科学，39（4）：342-344.

丁晓雯,刘瑞民,沈珍瑶,等.2006.基于水文水质资料的非点源输出系数模型参数确定方法及其应用[J].北京师范大学学报（自然科学版），42（5）：534-538.

杜娟,李怀恩,李家科,等.2013.基于实测资料的输出系数分析与陕西沣河流域非点源负荷来源探讨[J].农业环境科学学报，（4）：827-837.

韩上，武际，钱晓华，等．2015．安徽主栽蔬菜施肥现状调查及对策[J]．中国蔬菜，1（4）：15-19.

黄东风，邱孝煊，李卫华，等．2009．福州市郊蔬菜施肥现状及菜地土壤养分累积特征分析[J]．福建农林大学学报（自然版），38（6）：633-638.

高峻岭，宋朝玉，黄绍文，等．2011．青岛市设施蔬菜施肥现状与土壤养分状况[J]．山东农业科学，（3）：68-72.

顾田甜．2014．建昌县设施蔬菜施肥现状评估及建议[D]．北京：中国农业科学院.

李红莉，张卫峰，张福锁，等．2010．中国主要粮食作物化肥施用量与效率变化分析[J]．植物营养与肥料学报，16（5）：1136-1143.

李根，毛锋．2008．我国水土流失型非点源污染负荷及其经济损失评估[J]．中国水土保持，（2）：9-11.

李娜，韩维峥，沈梦楠，等．2016．基于输出系数模型的水库汇水区农业面源污染负荷估算[J]．农业工程学报，32（8）：224-230.

李兆富，杨桂山，李恒鹏．2009．基于改进输出系数模型的流域营养盐输出估算[J]．环境科学，30（3）：668-672.

梁常德，龙天渝，李继承，等．2007．三峡库区非点源氮磷负荷研究[J]．长江流域资源与环境，16（1）：26-30.

刘华，章圣强，曹靖. 2012. 甘肃沿黄灌区设施蔬菜施肥现状及问题分析[J]. 北方园艺，（14）：45-48.

刘瑞民，沈珍瑶，丁晓雯，等. 2008. 应用输出系数模型估算长江上游非点源污染负荷[J]. 农业环境科学学报，27（2）：677-682.

刘亚琼，杨玉林，李法虎，等. 2011. 基于输出系数模型的北京地区农业面源污染负荷估算[J]. 农业工程学报，27（7）：7-12.

刘亚群. 2014. 旭水河贡井段非点源污染负荷估算研究[M]. 成都：西南交通大学.

刘忠，李保国，段增强，等. 2008. 中国化肥分区土壤表观氮平衡研究[C]. 中国土壤学会全国会员代表大会暨海峡两岸土壤肥料学术交流研讨会.

马亚丽，敖天其，张洪波，等. 2013. 基于输出系数模型濑溪河流域泸县段面源分析[J]. 四川农业大学学报，31（1）：53-59.

孟凡祥，赵倩，马建，等. 2010. 农业非点源污染负荷及现状评价——以大苏河地区为例[J]. 农业环境科学学报，29（b3）：145-150.

潘可可，朱剑桥，孙娟，等. 2011. 温州设施蔬菜的施肥现状及土壤地力特征分析[J]. 上海农业科技，（5）：101-104.

史志华，蔡崇法，丁树文，等. 2002. 基于 GIS 的汉江中下游农业面源氮磷负荷研究[J]. 环境科学学报，22（4）：473-477.

孙旭霞，王宏宇，薛玉花，等. 2009. 廊坊市大棚蔬菜施肥现状及养分平衡研究[J]. 安徽农业科学，37（20）：9440-9441.

王桂苓，马友华，石润圭，等. 2008. 巢湖流域种植业面源污染现状与防治对策[C]. 全国农业面源污染综合防治高层论坛论文集.，246-249.

王国重，李中原，左其亭，等. 2017. 丹江口水库水源区农业面源污染物流失量估算[J]. 环境科学研究，30（3）：415-422.

王丽英，赵小翠，曲明山，等. 2012. 京郊设施果类蔬菜土肥水管理现状及技术需求[J]. 华北农学报，27（s1）：298-303.

王全金，徐刘凯，向速林，等. 2011. 应用输出系数模型估算赣江下游非点源污染负荷[J]. 人民长江，42（23）：30-33.

吴一鸣，李伟，余昱葳，等. 2012. 浙江省安吉县西苕溪流域非点源污染负荷研究[J]. 农业环境科学学报，31（10）：1976-1985.

邢宝秀，陈贺. 2016. 北京市农业面源污染负荷及入河系数估算[J]. 中国水土保持，（5）：34-37.

严昇，严登华，秦天玲，等. 2014. 基于追迹计算的流域面源污染物入河负荷贡献率评价[J]. 水利水电技术，45（2）：17-21.

杨俊刚，贺建德，陈新平. 2007. 北京市作物施肥现状调查与测土配方施肥建议[J]. 北京农业，（3）.

杨彦兰，申丽娟，谢德体，等. 2015. 基于输出系数模型的三峡库区（重庆段）农业面源污染负荷估算[J]. 西南大学学报（自然科学版），37（3）：112-119.

张静，何俊仕，周飞，等. 2011. 浑河流域非点源污染负荷估算与分析[J]. 南水北调与水利科技，9（6）：69-73.

赵荣芳，陈新平，张福锁. 2009. 华北地区冬小麦-夏玉米轮作体系的氮素循环与平衡[J]. 土壤学报，46（4）：684-697.

郑建，韩会庆，蔡广鹏，等．2013．贵州省农业非点源氮磷污染时空特征分析[J]．长江科学院院报，30（6）：1-4.

朱丹丹．2007．大庆地区农业非点源污染负荷研究与综合评价[M]．哈尔滨：东北农业大学.

朱梅，吴敬学，张希三．2010．海河流域种植业非点源污染负荷量估算[J]．农业环境科学学报，29（10）：1907-1915.

朱梅．海河流域农业非点源污染负荷估算与评价研究[D]．北京：中国农业科学院，2011.

第4章　嫩江流域农业非点源排放核算研究

运用模型对非点源污染进行时空模拟是对于非点源污染研究的重要手段，而目前所采用的模型主要针对小区域的精细化模拟，率定出的参数和结果带有较大区域性，很难适用于大中尺度流域负荷模拟。我国大多数流域目前缺乏长时间序列监测资料，参数要求较低、操作简便并带有一定精度的非点源模型具有重要的理论和现实意义。而输出系数模型则具备上述特点，自 20 世纪 70 年代在北美地区首次应用后，经过不同学者改进发展，已在国内外得到广泛应用。本章基于嫩江流域 2006 年及 2010 年土地利用数据，运用改进的输出系数法探讨了流域内非点源总氮及总磷污染负荷量以及负荷强度分布，并分析了土地利用转变过程对于非点源氮、磷输出的影响，进而为嫩江流域未来农业非点源污染治理工作提供数据支撑和决策依据。

4.1　研究区域概况

嫩江流域位于东北地区中西部，发源于大兴安岭右麓的伊勒呼里山中段，河长1 370 km。嫩江流经黑龙江省黑河市、大兴安岭地区、嫩江县、讷河市、富裕县、齐齐哈尔市、大庆市、内蒙古呼伦贝尔市等县（市、区）。嫩江流域北部、西部和南部三面地势较高，东南部地势低平，形成广阔的松嫩平原。大致可分为大兴安岭山区、山区丘陵过渡带和中部低平原区三部分。其中大兴安岭山区海拔在 1 000～1 500 m，分布在流域西侧，西部山前倾斜平原主要由扇形台地构成，水系密布，低平原地区地势低平开阔，洼地、湖泊星罗棋布，是各类湿地集中分布区（图 4-1）。

嫩江流域位于中高纬度地区，属于温带大陆性季风气候区，冬季寒冷漫长，春季多风干燥，夏季湿热多雨，秋季短促多霜，具有四季分明、冷热悬殊、干湿不均等鲜明的气候特点，年均气温在 2～4℃，降水主要受太平洋季风的影响，主要集中在夏季。流域内最大降水量为 937.4 mm，最小年降水量 152.5 mm，夏季降水约占全年降水量的 80%。

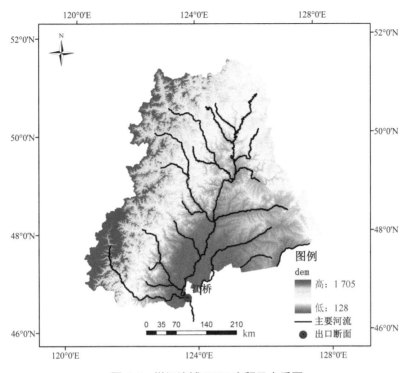

图 4-1　嫩江流域 DEM 高程及水系图

　　嫩江流域可根据地形、地貌及河谷特征分为上游、中游、下游三段。自河源到嫩江县为上游段，经过大兴安岭山地区，河流穿流于山岳地带，因此具有山溪特性，河谷狭窄，河流坡降大，水流湍急，河道比降大；嫩江县至莫力达瓦达斡尔蒙古族自治旗（尼尔基水库）为中游段，地形逐渐由山区过渡到平原地带，地势较上游平坦；尼尔基水库到三岔河为下游段，此江段进入嫩江平原区，河道坡降骤然降低，河道蜿蜒曲折且多呈网状，两岸滩地延展很宽，滩地上广泛分布着湿地及湖泊等。嫩江流域径流主要来自降水，径流量年内及年际变化均比较大，每年 1 月、2 月、3 月、11 月、12 月为枯水期、枯冰期，降水量明显减少，河川径流主要靠地下水补给；7—9 月是丰水期，常发生暴雨，且易形成洪水。

　　本章研究区为嫩江流域江桥断面以北，面积约 18.3 万 km²，包括黑龙江省和内蒙古自治区的 15 个县（旗）的全境以及 6 个县（旗）的部分区域。本章以江桥水文站为出口控制断面，以 2006—2010 年水质与水文监测资料为依据，运用改进后的输出系数模型估算流域的非点源污染负荷量。

4.2　数据来源

　　嫩江流域 2006—2010 年土地利用面积、牲畜及人口情况见表 4-1，其中牲畜与人口状况来源于当年度黑龙江省及内蒙古自治区统计年鉴，土地利用数据采用 2006 年和 2010 年度 1 km 精度的嫩江流域土地利用类型及分布数据，其他年度采用插值手段获得（图 4-2）。

表 4-1　嫩江流域土地面积、牲畜及人口状况

年份	土地利用/km²						人类活动/万人	畜禽养殖/万头		
	水田	旱地	林地	草地	水域	建设用地	农村人口	大牲畜	猪	羊
2006	2 764	57 486	86 539	11 346	23 224	843	458	310	296	714
2007	2 879	56 320	85 814	15 044	21 061	1 358	477	147	221	592
2008	2 947	55 620	85 379	17 263	19 762	1 667	490	200	277	597
2009	3 108	53 987	84 363	22 441	16 734	2 388	494	207	328	657
2010	3 222	52 821	83 638	26 139	14 570	2 903	494	221	353	705

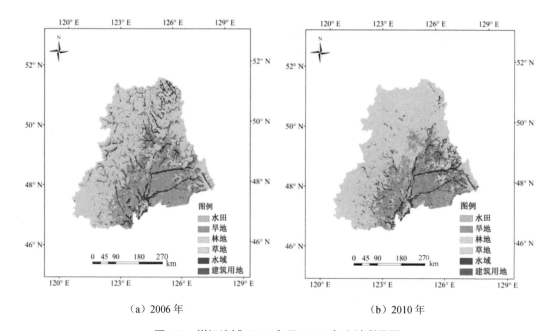

（a）2006 年　　　　　　　　　　（b）2010 年

图 4-2　嫩江流域 2006 年及 2010 年土地利用图

4.3　参数系数选择

4.3.1　降雨影响因子 α

降雨影响因子 α 主要通过获取嫩江流域及周边气象监测站点 2006—2010 年逐日降水监测数据进行求解。降雨影响因子包含降雨空间分布差异系数 α_s 与降雨年际差异系数 α_t，其中，α_s 主要反映不同地区因降雨量不同所带来的差异，α_t 反映不同年份的降雨条件下对非点源污染输出结果的变化。α_s 的计算在 ArcGIS 软件中利用泰森多边形法则绘

制出各监测站点控制范围，求出各县（市、区）在不同监测站点控制范围内的降雨量，进行汇总得到各县级行政区降雨量，并与全流域平均降雨量相比求得该县级行政区在该年度空间分布差异系数（表 4-2、表 4-3、图 4-3、图 4-4）。

表 4-2　嫩江流域气象监测站点基本信息

编号	站点名称	县（市、区）	经度/（°）	纬度/（°）
50246	塔河	塔河县	52.35	124.72
50353	呼玛	呼玛县	51.73	126.63
50434	图里河	牙克石市	50.48	121.68
50442	加格达奇	加格达奇区	50.41	124.12
50548	小二沟	鄂伦春自治旗	49.2	123.72
50557	嫩江	嫩江县	49.16	125.23
50632	博克图	牙克石市	48.77	121.92
50639	扎兰屯	扎兰屯市	48	122.73
50656	北安	北安市	48.26	126.51
50658	克山	克山县	48.08	125.79
50727	阿尔山	阿尔山市	47.17	119.93
50742	富裕	富裕县	47.79	124.48
50745	齐齐哈尔	建华区	47.38	123.92
50756	海伦	海伦市	47.45	126.87
50834	索伦	科尔沁右翼前旗	46.6	121.22
50838	乌兰浩特	乌兰浩特市	46.08	122.05
50844	泰来	泰来县	46.4	123.45

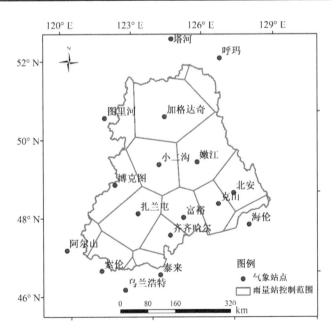

图 4-3　嫩江流域雨量站控制范围

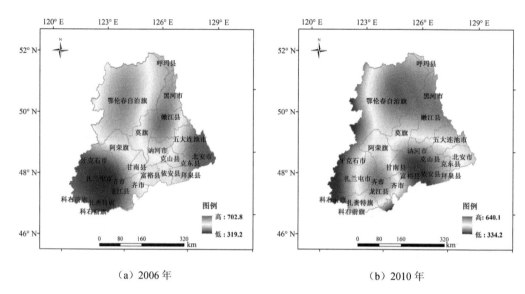

（a）2006 年　　　　　　　　　　　　（b）2010 年

图 4-4　不同计算年份嫩江流域年降水量分布（单位：mm）

表 4-3　嫩江流域各县级行政区降雨影响因子

行政区	2006 年平均降雨量/mm	2010 年平均降雨量/mm	2006 年降雨影响因子	2010 年降雨影响因子
阿荣旗	455.00	524.52	0.95	1.03
拜泉县	546.39	446.96	1.14	0.88
北安市	606.05	484.71	1.27	0.96
鄂伦春自治旗	530.37	550.87	1.11	1.09
富裕县	510.25	414.00	1.07	0.82
甘南县	475.03	454.41	0.99	0.90
黑河市	404.56	543.19	0.85	1.07
呼玛县	414.44	504.96	0.87	1.00
科尔沁右翼前旗	373.53	413.47	0.78	0.82
克东县	562.60	455.38	1.18	0.90
克山县	520.00	428.20	1.09	0.84
龙江县	429.14	491.62	0.90	0.97
莫力达瓦达斡尔族自治旗	473.49	532.99	0.99	1.05
讷河市	463.29	467.82	0.97	0.92
嫩江县	407.78	550.72	0.85	1.09
齐齐哈尔市市辖区	461.71	507.46	0.96	1.00
五大连池市	580.64	483.15	1.21	0.95
牙克石市	422.87	420.89	0.88	0.83
依安县	519.27	412.65	1.09	0.81
扎赉特旗	386.00	402.74	0.81	0.79
扎兰屯市	363.05	524.03	0.76	1.03
嫩江流域	478.58	507.24	—	—

对于 α_t，根据流域出口控制站江桥站 2006—2010 年流量及水质监测数据计算出研究区内非点源污染入河量，与先前计算的研究区年降雨量耦合建立总氮与总磷的回归方程。通过回归分析，建立起流域全区年平均降雨量 r 与非点源污染物入河量 L 之间的相关关系（图 4-5）。

$$L_{DN} = 0.223\,1r^2 - 138.23r + 24\,951 \quad (R^2 = 0.874\,6) \tag{4-1}$$

$$L_{DP} = 0.027\,3r^2 - 32.637r + 6\,039.7 \quad (R^2 = 0.890\,7) \tag{4-2}$$

通过获取研究区内气象站 1990—2010 年降雨数据，可以得到该区多年平均降雨量为 477.64 mm，将其代入式（4-1）和式（4-2）得到在多年平均降雨量条件下总氮与总磷的年入河量分别为 9 824.85 t 与 1 082.29 t。因此研究区总氮、总磷的降雨年际差异系数为：

$$\alpha_{tDN} = \frac{0.223\,1r^2 - 138.23r + 24\,951}{9\,824.85} \tag{4-3}$$

$$\alpha_{tDP} = \frac{0.027\,3r^2 - 32.637r + 6\,039.7}{1\,082.29} \tag{4-4}$$

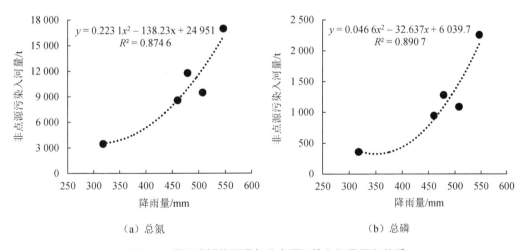

（a）总氮　　　　　　　　　　　　　　（b）总磷

图 4-5　嫩江流域降雨量与非点源污染入河量回归关系

将 2006 年和 2010 年的年降雨量代入式（4-3）与式（4-4）中，得到嫩江流域非点源污染氮、磷的降雨年际差异系数，结果显示 2006 年降雨量接近多年平均降雨量，因此总氮和总磷的 α_t 仅为 1.007 与 1.010，而 2010 年由于降雨量增加使得 α_t 增长到 1.246 与 1.363。

4.3.2　地形影响因子 β

在 ArcGIS 中将各县级行政区坡度计算出来并代入地形影响因子计算公式中可以求得各县级行政区地形影响因子 β（图 4-6、表 4-4）。

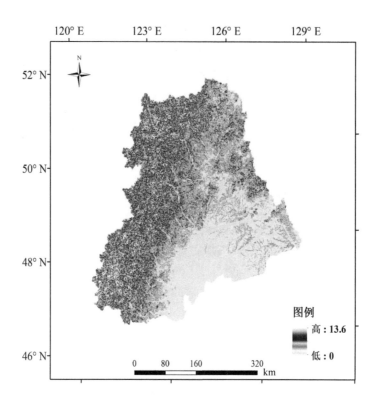

图 4-6　嫩江流域坡度分布图

表 4-4　嫩江流域各县级行政区降雨影响因子

名称	地形影响因子	名称	地形影响因子
阿荣旗	1.670	龙江县	0.469
拜泉县	0.411	莫力达瓦达斡尔族自治旗	0.933
北安市	0.500	讷河市	0.421
鄂伦春自治旗	1.806	嫩江县	0.945
富裕县	0.066	市辖区	0.934
甘南县	0.239	五大连池市	0.748
黑河市	1.043	牙克石市	2.606
呼玛县	0.774	依安县	0.214
科尔沁右翼前旗	2.600	扎赉特旗	1.299
克东县	0.472	扎兰屯市	2.370
克山县	0.481		

4.3.3　输出系数

本研究对于输出系数共考虑 3 种情况：畜禽养殖、农村生活污染和土地利用。

（1）畜禽养殖

将畜禽养殖分为大牲畜、猪、羊三类进行计算。通过查阅相关文献，确定采用下式计算畜禽粪便产生量：

$$畜禽粪便量 = 畜禽养殖量 \times 日排泄系数 \times 饲养周期 \qquad (4\text{-}5)$$

畜禽粪便的日排泄量与品种、质量、生理状态、饲料组成和饲喂方式等均有关，取值采用相关文献数据。

畜禽饲养周期综合考虑原环境保护部公布《全国规模化畜禽养殖业污染情况调查及防治对策》以及相关文献数据，最终确定猪为 199 d，大牲畜与羊均为 365 d。经筛选得到研究区畜禽养殖排泄系数及养分含量，取排泄系数的 10% 为总氮和总磷的输出系数（表 4-5）。

表 4-5　畜禽粪便排泄系数、养分含量及输出系数

畜禽种类	粪便排泄量/(kg/d)	质量分数/%		排泄系数/[kg/（头·a）]		输出系数/[kg/（头·a）]	
		总氮	总磷	总氮	总磷	总氮	总磷
大牲畜	25.00	0.351	0.082	32.029	7.483	3.203	0.748
猪	4.10	0.238	0.074	3.561	1.107	0.356	0.111
羊	0.87	1.014	0.216	3.220	0.686	0.322	0.069

（2）农村生活污染

农村生活污水总氮排泄系数可参照下式来计算：

$$E_{生活} = q \times C_i \times r \qquad (4\text{-}6)$$

式中，$E_{生活}$——农村生活污水输出系数；

　　　q——农村居民生活用水量；

　　　C_i——生活污水中总氮、总磷质量浓度；

　　　r——排水系数。

最终确定研究区农村居民生活污水总氮和总磷排泄系数分别为 1.43 kg/（人·a）和 0.12 kg/（人·a）。

（3）土地利用

对于土地利用确定输出系数的常用方法有 3 种：现场监测法、查阅文献法、基于水文水质资料的输出系数计算法。目前使用最为普遍的为查阅文献法，其最大优点在于简便快捷、费用极低。本研究通过查阅前人文献，特别是相近流域的研究成果，并结合嫩江流域实际地理位置特征，最终确定了各土地利用类型的输出系数值，见表 4-6。

表 4-6　嫩江流域各土地利用类型输出系数　　　　单位：kg/（hm²·a）

	旱地	水田	林地	草地	城镇用地	水域
总氮	11.20	14.86	4.22	6.3	11	15
总磷	1.54	1.68	0.72	0.59	0.24	3.6

（4）径流流失系数

根据径流流失系数的定义，将利用表 4-6 中输出系数计算的 2006 年和 2010 年非点源总氮、总磷的输出负荷量与江桥监测站实测的非点源总氮、总磷入河量计算出非点源总氮、总磷的流失系数，并与嫩江流域年径流模数进行回归分析。结果显示，2006 年总氮与总磷的流失系数分别为 0.064 8 和 0.048 3，而 2010 年总氮与总磷的流失系数为 0.057 7 和 0.042 9（图 4-7）。

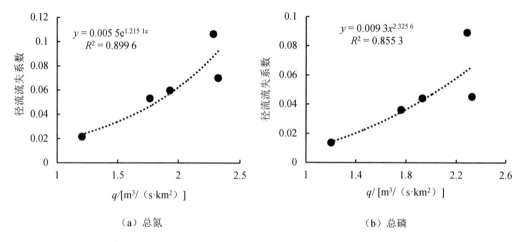

（a）总氮　　　　　　　　　　　　（b）总磷

图 4-7　嫩江流域非点源污染径流流失系数回归

4.4　结果与讨论

根据改进的输出系数模型，综合考虑地形、降雨以及沿程损失等因素后计算得到了嫩江流域 2006 年及 2010 年不同污染源类型（土地利用、畜禽养殖、农村生活）产生的非点源总氮与总磷的负荷量。从时间分布上来看，2006 年嫩江流域总氮负荷量为 12 233.57 t，2010 年出现了较大幅度的下降，负荷量变为 9 017.45 t，仅为 2006 年的 73.70%；在减少量中，主要是旱地与水域部分构成，二者均减少了 1 285 t，占全部减少量的 67.7%。对于总磷来讲在 2006—2010 年这 5 年间同样出现了下降，由 1 297.41 t 下降为 1 063.04 t，降幅为 18.04%。嫩江流域总氮负荷量约为总磷负荷量的 8 倍，而先前相关研究也提到总氮、总磷负荷比值在 5～10，本结果也处于这一区间之内。

4.4.1　模型合理性验证

将前面得到的降雨影响因子、坡度影响因子以及流域损失系数分别代入输出系数模型中，得到修正后的嫩江流域非点源总氮与总磷的污染物入河量模拟值，并与实测结果进行对照，结果见表 4-7。

表 4-7　模拟值与实测值对照

年份	总氮			总磷		
	模拟值/t	实测值/t	误差/%	模拟值/t	实测值/t	误差/%
2006	12 233.57	11 777.63	4.44	1 544.8	1 297.41	20.71
2010	9 017.45	9 476.58	-2.99	1 066.05	1 063.04	-0.28

从表 4-7 中可以看出，模型实测值与模拟值较为接近，除 2006 年非点源总磷误差稍高外，其余指标误差均在 5%以内，说明改进模型可以较好地模拟嫩江流域非点源氮、磷污染负荷，精度较高，完全符合模型的输出需求，可以在研究区内得到进一步应用，为指导研究区内农业非点源污染控制提供数据支撑。

4.4.2　不同污染源类型贡献量

通过对不同污染源类型产生的总氮、总磷负荷量进行统计（图 4-8），可以发现对于总氮、总磷负荷量的贡献度中土地利用＞畜禽养殖＞农村生活排放。不同土地利用类型下，对于总氮而言，其贡献度大小排名为旱地＞林地＞水域＞草地＞水田。2010 年相较于 2006 年草地面积的大幅增加以及水域面积的不断减少导致草地贡献率由 4%提高到 11%；反之水域贡献率由 21%下降为 14%。对于总磷而言，旱地所产生的负荷量最大，其次是水域与林地，而草地和水田负荷较小。值得说明的是嫩江流域水域面积萎缩使得水域产生的贡献度由 28%变为 2010 年的 21%，排名也被林地超过，位列第三位。综合以上数据可以看出，①耕地对于嫩江流域非点源总氮与总磷的贡献率最大，而嫩江流域作为我国粮食的主要产区之一，需在今后降低化肥、农药、农膜等施用量，提高土壤肥力，减小氮、磷等污染物排放量；②畜禽养殖对于非点源污染物排放也有 10%左右的贡献，其影响也不容小觑，缺乏排污管道以及集约型污水处理装置以及畜牧业的快速增加，均加重了畜禽养殖污染负荷，其不利影响在今后应引起足够的重视，需切实有效地提高牲畜粪污资源化利用程度。

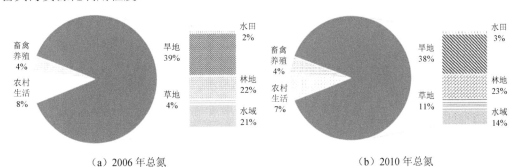

（a）2006 年总氮　　　　　　　　　　　　　（b）2010 年总氮

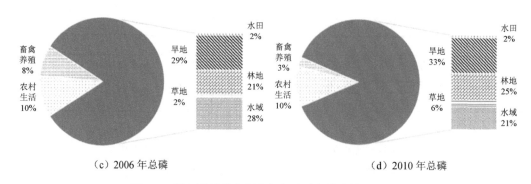

（c）2006 年总磷　　　　　　　　　　　（d）2010 年总磷

图 4-8　嫩江流域非点源总氮与总磷负荷的构成比例图

4.4.3　不同行政区氮、磷负荷量分布

　　利用改进的输出系数模型计算了 2006 年和 2010 年嫩江流域各县（市、区）农业非点源污染物总氮和总磷的负荷量及负荷强度。

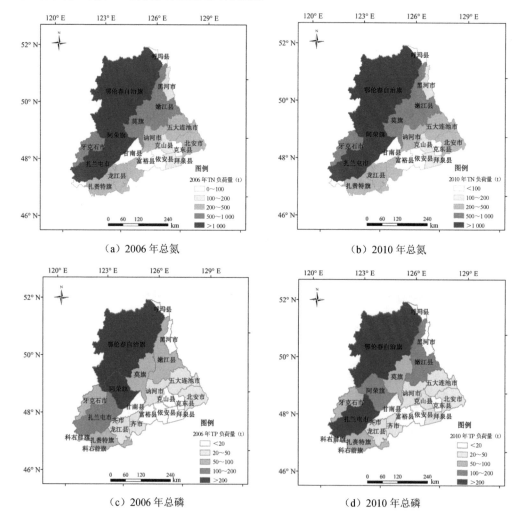

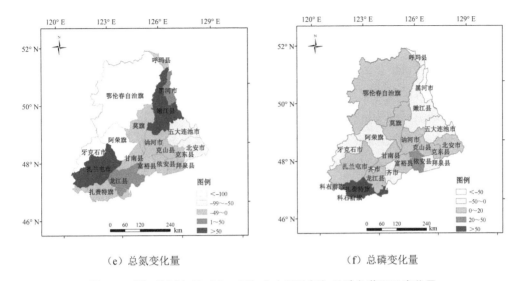

（e）总氮变化量　　　　　　　　　（f）总磷变化量

图 4-9　嫩江流域各县（市、区）非点源总氮与总磷负荷量及变化量

从空间分布上（图 4-9）来看，总氮与总磷的污染分布较为一致，分布较大的区域主要为鄂伦春自治旗、扎兰屯市、阿荣旗、嫩江县等地，这些县（市、区）普遍耕地面积广大、农业化程度较高。从年际变化来看，2010 年嫩江流域农业非点源污染物总氮负荷量较 2006 年减少 26.30%。21 个县（市、区）中有 16 个均出现不同程度的减少，其中鄂伦春自治旗减少量达到 1 177.67 t，占总减少量的 56.34%；阿荣旗和牙克石市在 5 年间负荷量减少幅度也超过 100 t。另外还有 5 个县（市、区）负荷量出现增加，扎兰屯市增加量最高，增加量达到 419.52 t。对于总磷而言，2006—2010 年负荷量总量也出现了较大幅度的下降，有 8 个县（市、区）出现了下降，总减少量为 349.15 t，其中鄂伦春自治旗减少量最大，达到 275.67 t；另有 13 个县（市、区）负荷量出现增加，总增加量为 204.90 t，其中扎兰屯市增加量最大，达到 97.92 t。

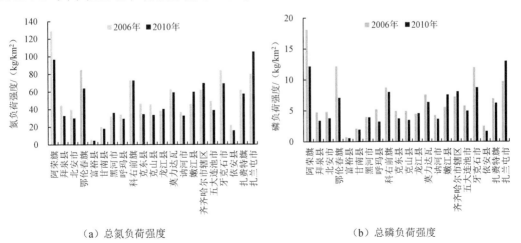

（a）总氮负荷强度　　　　　　　　　（b）总磷负荷强度

图 4-10　嫩江流域各县（市、区）非点源污染物负荷强度

4.4.4　不同行政区氮、磷负荷强度分布

嫩江流域各县（市、区）农业非点源污染物总氮和总磷的负荷强度如图 4-10 所示。从中可以看出与负荷总量相类似，阿荣旗、鄂伦春旗、牙克石市、扎兰屯市等县（市、区）总氮和总磷负荷强度同样较高。反映出这些县（市、区）农业产业化程度高、农业资源丰富，同时也是嫩江流域畜禽养殖业的主要分布区。较高的化肥农药施用强度加上规模化畜禽养殖是造成其总氮和总磷负荷强度高的主要原因，因此这些县（市、区）也是今后农业非点源污染整治的重点区域。而从年际变化来讲，2010 年相较 2006 年总氮负荷量出现较大幅度下降，同理大部分县（市、区）负荷强度也出现下降，其中阿荣旗减少幅度最大，由 129.48 kg/km^2 变为 96.76 kg/km^2；但仍有 5 个县（市、区）出现了负荷强度增加现象，其中扎兰屯市增长了 24.84 kg/km^2，其主要原因与土地利用类型以及降雨空间差异系数变化有关。对于总磷而言阿荣旗和扎兰屯市同样为负荷强度减小和增加最大的县（市、区）。

4.5　土地利用变化情景对非点源氮磷负荷量影响模拟

土地利用为嫩江流域非点源氮磷的最主要来源，以 2006 年为例，占全部总氮来源的 88%和总磷来源的 82%。因此土地利用方式变化与非点源污染氮磷负荷输出量之间具有密切关联，土地利用信息的转变过程直接改变了非点源过程量的输出，进而最终影响非点源状态量的表达。

表 4-8　各土地利用类型动态度分析　　　　　　　单位：km^2

	2006 年面积	2010 年转出	2010 年转入	净变化量	土地利用年变化度	土地利用相对动态度
水田	2 764	1 322	1 765	443	3.21%	0.05%
旱地	57 486	14 492	9 515	−4 977	−1.73%	−0.55%
林地	86 539	15 936	12 485	−3 451	−0.80%	−0.38%
草地	11 346	7 087	21 742	14 655	25.83%	1.61%
水域	23 224	16 167	7 429	−8 738	−7.52%	−0.96%
建设用地	843	351	2 412	2 061	48.90%	0.23%

从表 4-8 可以看出，与 2006 年相比，水田、草地及建设用地面积呈现出增加态势，增加量最多的为草地，增加量达到 14 655 km^2，变化度达到 25.83%；而旱地、林地及水域面积则分别减小了 1.73%、0.80%和 7.52%。为了避免某些指标例如建设用地由于本底值较低所引起的变化度虚高的现象，引入土地利用相对动态度来表征某种土地利用类型变

化对于研究区整体变化所做的贡献。可以看出草地和水域的相对动态度分别为 1.61%和
−0.96%，表明二者对于流域土地利用变化所做贡献度最大。

　　由 2006—2010 年嫩江流域土地利用转移矩阵（表 4-9）可以看出，2006—2010 年土
地利用类型变化较大，约占总量的 30.47%。其中林地和旱地参与转变的绝对数量最大，
分别达到 15 902 km² 和 14 419 km²；水域、草地、水田参与其他土地利用转变率最高，
分别达到 2006 年初始面积的 69.61%、61.87%和 47.76%。在转变过程中，林地转变为草
地面积最大，为 9 624 km²，其次为水域转变为草地和水域转变为林地，分别达到 8 018 km²
和 5 003 km²。

表 4-9　2006—2010 年嫩江流域土地利用转移矩阵　　　单位：km²

		2010 年					
		水田	旱地	林地	草地	水域	建设用地
2006 年	水田	1 437	646	54	179	348	93
	旱地	1 259	42 949	4 490	3 796	2 941	1 933
	林地	26	3 371	70 405	9 624	2 811	70
	草地	104	2 627	2 882	4 235	1 254	153
	水域	359	2 617	5 003	8 018	7 007	150
	建设用地	15	213	39	51	31	491

　　土地利用变化所导致的非点源氮、磷状态量，是由该土地利用类型面积变化量与其
输出系数相乘得到（表 4-10）。由表 4-10 可以看出，嫩江流域产生量总氮和总磷总计分
别减少了 7 979.51 t 和 3 172.08 t，其中水域减少量最大；草地产生量增加最多。

表 4-10　2006—2010 年嫩江流域各土地利用类型转变状态量　　　单位：t

	水田	旱地	林地	草地	水域	建设用地	合计
总氮	658.30	−5 574.24	−1 456.32	9 232.65	−13 107.00	2 267.10	−7 979.51
总磷	74.42	−766.46	−248.47	864.65	−3 145.68	49.46	−3 172.08

　　仅仅通过计算土地利用类型转变状态量往往不能真实反映出其对于非点源氮、磷负
荷输出的影响，还需要汇算不同时间下土地利用过程的变化量。为此引入土地利用类型
转变过程量，通过采用土地利用动态变化矩阵（表 4-9），建立相对输出系数（两种土地
利用类型输出系数差）与土地利用变化量间关系，计算得到表 4-11、表 4-12。其中正值
表示在土地利用类型变化过程中氮磷产生量增加，负值表示减少。

表 4-11　2006—2010 年嫩江流域各土地利用类型总氮转变过程量　　　　单位：t

	水田	旱地	林地	草地	水域	建设用地
水田		−236.4	−57.5	−153.2	4.9	−35.9
旱地	460.8		−3 134.0	−1 860.0	1 117.6	−38.7
林地	27.7	2 353.0		2 001.8	3 030.3	47.5
草地	89.0	1 287.2	−599.5		1 091.0	71.9
水域	−5.0	−994.5	−5 393.2	−6 975.7		−60.0
建设用地	5.8	4.3	−26.4	−24.0	12.4	

表 4-12　2006—2010 年嫩江流域各土地利用类型总磷转变过程量　　　　单位：t

	水田	旱地	林地	草地	水域	建设用地
水田		−9.0	−5.2	−19.5	66.8	−13.4
旱地	17.6		−368.2	−360.6	605.8	−251.3
林地	2.5	276.4		−125.1	809.6	−3.4
草地	11.3	249.6	37.5		377.5	−5.4
水域	−68.9	−539.1	−1 440.9	−2 413.4		−50.4
建设用地	2.2	27.7	1.9	1.8	10.4	

可以看出不同土地利用类型转变对于总量增减贡献度不同，对于总氮而言，水域转变为草地削减量最大，达到 6 975.7 t，其次是水域转变为林地和旱地转变为林地，分别为5 393.2 t 和 3 134.0 t；而林地转变为水域、林地转变为旱地、林地转变为草地时总氮负荷量表示为增加，增加量为 3 030 t、2 353 t 和 2 301 t。而对于总磷来讲情况较为相似，水域转变为草地以及水域转变为林地削减量最大；而林地转变为水域及旱地转变为水域增加量最大。

4.6　本章小结

本章应用改进的输出系数模型并以嫩江流域为研究对象，计算并分析了其 2006 年和2010 年农业非点源污染物总氮和总磷的产生量及入河量，并与实测值进行校对。研究结果表明：

1）2006 年嫩江流域总氮入河量为 12 233.57 t，总磷入河量为 1 297.41 t；2010 年总氮入河量为 9 017.45 t，总磷入河量为 1 063.04 t；分别较 2006 年减少 26.30% 和 18.04%。

2）不同污染物来源对于总氮和总磷负荷量贡献度不同，其中土地利用为主要的来源，其次是畜禽养殖和农村生活；而在各种土地利用类型中旱地所产生的负荷量最大，其次是水域与林地。

3）不同县（市、区）总氮和总磷负荷量差异较大，鄂伦春自治旗、扎兰屯市、阿荣旗的总氮与总磷负荷量大；从年际变化来看，鄂伦春自治旗在 2006—2010 年总氮与总磷减少量最多，而扎兰屯市增加量最多。

　　4）从总氮与总磷负荷强度来看，阿荣旗、鄂伦春自治旗、牙克石市、扎兰屯市等县（市、区）较高；从年际变化角度看，阿荣旗负荷强度减少量最大，扎兰屯市增加量最大。

　　5）不同土地利用类型转变对于总量增减贡献度不同。①与 2006 年相比，2010 年水田、草地及建设用地面积呈现出增加态势而旱地、林地及水域面积出现减少；②2006—2010 年有 30.47% 的土地发生变化，其中林地和旱地参与转变的绝对数量最大；③在转变过程中，林地转变为草地面积最大，为 9 624 km^2；④2006—2010 年非点源总氮和总磷产生量总计分别减少了 7 979.51 t 和 3 172.08 t，其中水域减少量最大，草地产生量增加最多；⑤根据土地利用类型总氮与总磷转变过程量可以看出水域转变为草地这一过程对于氮、磷的削减量最大，林地转变为水域这一过程对于氮、磷的增加量最大。

参考文献

Arhonditsis G，Tsirtsis G，Angelidis M O，et al. 2000. Quantification of the effects of nonpoint nutrient sources to coastal marine eutrophication：applications to a semi-enclosed gulf in the Mediterranean Sea[J]. Ecological Modelling，129（2-3）：209-227.

Johnes P J. 1996. Evaluation and management of the impact of land use change on the nitrogen and phosphorus load delivered to surface waters：the export coefficient modelling approach[J]. Journal of Hydrology，183（3-4）：323-349.

JOHNES P J，HEATHWAITE A L. 2015. Modelling the impact of land use change on water quality in agricultural catchments[J]. Hydrological Processes，11（3）：269-286.

THORNTON J A，RAST W，HOLLAND M M，et al. 1999. Assessment and control of nonpoint source pollution of aquatic ecosystems：A practical approach[M].New York：The Parthenon Publishing Group，296-299.

刘亚琼，杨玉林，李法虎，等. 2011. 基于输出系数模型的北京地区农业面源污染负荷估算[J]. 农业工程学报，27（7）：7-12.

陆建忠，陈晓玲，肖靖靖，等. 2012. 改进的输出系数法在农业污染源估算中的应用[J]. 华中师范大学学报（自然科学版），46（3）：373-378.

陈亚荣，阮秋明，韩凤翔，等. 2017. 基于改进输出系数法的长江流域面源污染负荷估算[J]. 测绘地理信息，42（1）：96-99.

沈珍瑶，刘瑞民. 2008. 长江上游非点源污染特征及其变化规律[M]. 北京：科学出版社.

侯世忠，张淑二，战汪涛，等. 2013. 山东畜禽粪便产生量估算及其环境效应研究[J]. 中国人口·资源与环境，v.23；No.159（s2）：78-81.

朱建春，张增强，樊志民，等. 2014. 中国畜禽粪便的能源潜力与氮磷耕地负荷及总量控制[J]. 农业环境科学学报，33（3）：435-445.

邢宝秀，陈贺. 2016. 北京市农业面源污染负荷及入河系数估算[J]. 中国水土保持，（5）：34-37.

张静，何俊仕，周飞，等. 2011. 浑河流域非点源污染负荷估算与分析[J]. 南水北调与水利科技，9（6）：69-73.

李娜，韩维峥，沈梦楠，等. 2016. 基于输出系数模型的水库汇水区农业面源污染负荷估算[J]. 农业工程学报，32（8）：224-230.

李根，毛锋. 2008. 我国水土流失型非点源污染负荷及其经济损失评估[J]. 中国水土保持，（2）：9-11.

杜娟，李怀恩，李家科，等. 2013. 基于实测资料的输出系数分析与陕西沣河流域非点源负荷来源探讨[J]. 农业环境科学学报，（4）：827-837.

马亚丽，敖天其，张洪波，等. 2013. 基于输出系数模型濑溪河流域泸县段面源分析[J]. 四川农业大学学报，31（1）：53-59.

史志华，蔡崇法，丁树文，等. 2002. 基于 GIS 的汉江中下游农业面源氮磷负荷研究[J]. 环境科学学报，22（4）：473-477.

丁晓雯，刘瑞民，沈珍瑶. 2006. 基于水文水质资料的非点源输出系数模型参数确定方法及其应用[J]. 北京师范大学学报（自然科学版），42（5）：534-538.

刘亚群. 2014. 旭水河贡井段非点源污染负荷估算研究[D]. 成都：西南交通大学.

MA X，LI Y，ZHANG M，et al. 2011. Assessment and analysis of non-point source nitrogen and phosphorus loads in the Three Gorges Reservoir Area of Hubei Province，China[J]. Science of the Total Environment，412（412-413）：154-161.

王全金，徐刘凯，向速林，等. 2011. 应用输出系数模型估算赣江下游非点源污染负荷[J]. 人民长江，42（23）：30-33.

崔超，刘申，翟丽梅，等. 2016. 香溪河流域土地利用变化过程对非点源氮磷输出的影响[J]. 农业环境科学学报，35（1）：129-138.

杨彦兰，申丽娟，谢德体，等. 2015. 基于输出系数模型的三峡库区（重庆段）农业面源污染负荷估算[J]. 西南大学学报（自然科学版），37（3）：112-119.

蔡明，李怀恩，庄咏涛，等. 2004. 改进的输出系数法在流域非点源污染负荷估算中的应用[J]. 水利学报，35（7）：40-45.

吴一鸣，李伟，余昱葳，等. 2012. 浙江省安吉县西苕溪流域非点源污染负荷研究[J]. 农业环境科学学报，31（10）：1976-1985.

王国重，李中原，左其亭，等. 2017. 丹江口水库水源区农业面源污染物流失量估算[J]. 环境科学研究，30（3）：415-422.

第5章 长江经济带农田氮平衡特征及污染风险评估研究

长江经济带是我国区域经济协调发展的三大战略之一，是我国经济重心所在、活力所在，也是中华民族永续发展的重要支撑。习近平总书记对长江经济带发展做出重要指示，多次强调"共抓大保护，不搞大开发"。历经多年开发建设，长江经济带生态环境状况形势严峻，其中农业非点源污染对于长江水体水质造成较为严重的威胁。本章以长江经济带11省（市）作为研究对象，利用农田生态系统氮平衡模型对研究区129个地级市2015年氮输入/输出情况进行估算，分析氮盈余的空间分布特征。在此基础上耦合坡度、侵蚀性降水量等因子确定农田氮污染风险等级。

5.1 研究区域概况

长江经济带覆盖上海、江苏、浙江、安徽、江西、湖北、湖南、重庆、四川、云南、贵州等11省（市），面积约205万 km^2，占全国的21%左右。长江经济带横跨我国东中西三大区域，人口和生产总值均超过全国的40%，是我国经济重心所在、活力所在，具有独特优势和巨大发展潜力，已发展成为我国综合实力最强、战略支撑作用最大的区域之一。

（1）地形地貌

长江经济带位于亚欧大陆东岸中低纬度地带。该区地形地貌特征复杂，呈多级阶梯形地形，跨越了青藏高原、横断山脉、云贵高原、四川盆地、江南丘陵、长江中下游平原等多种地貌类型。地势西高东低，西部多山地、高原、盆地，东部多丘陵和平原（图5-1）。

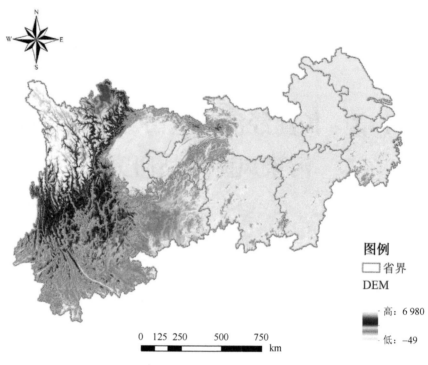

图 5-1　长江经济带 DEM 高程图

（2）气候特征

长江经济带大部分属亚热带季风气候，夏季高温多雨，冬季温和少雨；西部云贵部分地区属高山高原气候，气温要低于同纬度地区，气候垂直变化显著；东北部部分地区属温带季风气候，夏季高温多雨，冬季寒冷干燥。虽然雨、旱季节明显，但因河渠纵横，蒸发水源充足，年平均相对湿度较大（图 5-2）。

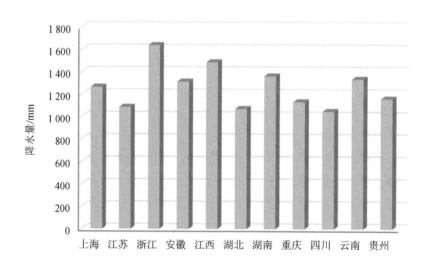

图 5-2　长江经济带各省（区、市）2019 年降水量

（3）流域水系

区域水系以长江及其支流、湖泊为主。主要支流包括嘉陵江、汉江、岷江、雅砻江、湘江、沅江、乌江和赣江等。鄱阳湖、洞庭湖、太湖、巢湖等都属于该地区。长江多年平均水资源总量约为 9 958 亿 m^3，约占全国水资源总量的 35%。2018 年，长江经济带水资源总量约为 12 130.1 亿 m^3，占全国的 44.17%；人均水资源量约 2 026.0 m^3，高于全国 1 971.8 m^3 的平均水平。

（4）经济发展

近年来长江经济带经济总量持续增长，2018 年 11 省（市）共实现地区生产总值约 40.28 万亿元，较 2015 年增幅达 32.0%，占全国的 44.0%。其中，第一产业完成增加值 2.78 万亿元，较 2017 年增加 3.35%；第二产业完成增加值 16.64 万亿元，较 2017 年增长 6.12%；第三产业完成增加值 20.86 万亿元，较 2017 年增长 11.43%。2018 年，人均 GDP 为 67 307 元，较 2017 年增长 7.95%。长江经济带是我国钢铁、汽车、电子、石化等现代工业聚集地。大农业的基础地位也居全国首位，沿江九省（市）的粮棉油产量占全国 40% 以上。良好的经济发展基础与优越的开放条件，使金融、信息、电商、物流、创意、设计、文化、旅游等现代服务业的发展规模与水平也在全国占优势地位。

5.2 数据来源

本研究所用基础数据资料主要包括长江经济带各地级市农作物播种面积产量、化肥施用量、畜禽存/出栏量、农村人口数等社会经济数据，以及降水量、DEM、河流分布等自然地理数据。主要数据及来源见表 5-1。

表 5-1 应用数据及来源

数据类型	来源	主要数据
自然地理数据	地理空间数据云（http://www.gscloud.cn/）	30 m 尺度 DEM 数据
	GlobalLand30 遥感数据（http://data.ess.tsinghua.edu.cn/）	土地利用数据
	中国科学院资源环境科学数据中心	河网数据
	中国气象数据网（http://data.cma.cn/）所提供 2015 年研究区 902 个气象站点逐日降水数据	降水数据
社会经济数据	研究区各省级及地级市统计年鉴	农作物播种面积及产量
		化肥施用量
		畜禽存/出栏量
		农村人口数

5.2.1 　自然地理数据

（1）土地利用数据

利用清华大学宫鹏老师团队解译的 2015 年 GlobalLand30 遥感数据为基础进行重采样，最终得到 100 m 空间分辨率长江经济带土地利用空间数据。GlobalLand30 是国家"863"重点项目"全球地表覆盖遥感制图与关键技术研究项目"的研究成果，以 Landsat TM/ETM 为主要数据源，以多源化遥感卫星影像进行地表覆盖数据的提取，具有更高的空间分辨率和精度。

2015 年长江经济带土地利用空间分布如图 5-3 所示，其中林地面积最大，达到 93.61 万 km², 占全部面积的 45.8%；其次是农田面积，约为 61.74 万 km², 约占全部面积的 30.2%；草地面积位列第三，达到 33.83 万 km², 占全部面积的 16.6%；其余城镇建设用地、水体、裸地等类别面积较小，分别为 6.89 万 km²、5.98 万 km² 和 2.18 万 km², 占全部面积的比例分别为 3.4%、2.9%和 1.1%（图 5-4）。

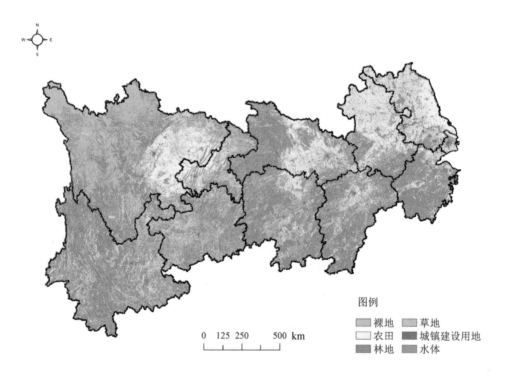

图 5-3 　2015 年长江经济带土地利用空间分布

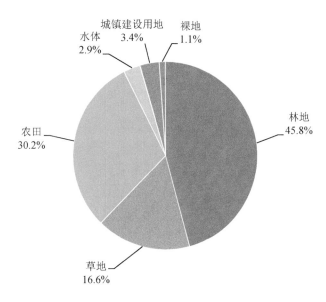

图 5-4　2015 年长江经济带各土地利用类型分布

　　从各省级单元来看，云南省林地面积最大，达到 21.83 万 km^2，其次是四川省的 16.54 万 km^2，另外湖南、江西两省面积也超过 10 万 km^2；草地主要分布在四川（17.51 万 km^2）和云南（8.80 万 km^2）；农田面积较大的省份主要分布在长江中下游地区，包括四川（11.89 万 km^2）、安徽（7.91 万 km^2）、云南（6.79 万 km^2）、湖北（6.72 万 km^2）、江苏（6.63 万 km^2）等（图 5-5）。

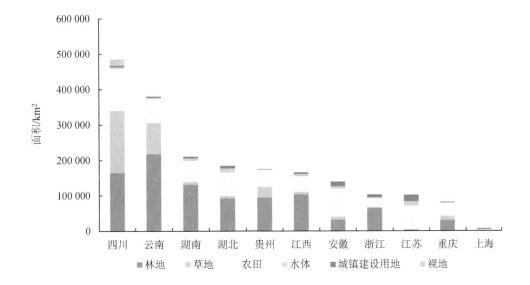

图 5-5　2015 年长江经济带各省区市土地利用类型分布

（2）降水数据

通过对研究区 902 个气象站点月降水数据利用 ANUSPLIN 模型方法进行空间插值，并利用 DEM 高程作为插值的协变量，最终得到 2015 年 1—12 月月降水空间分布图（图 5-6、图 5-7）。

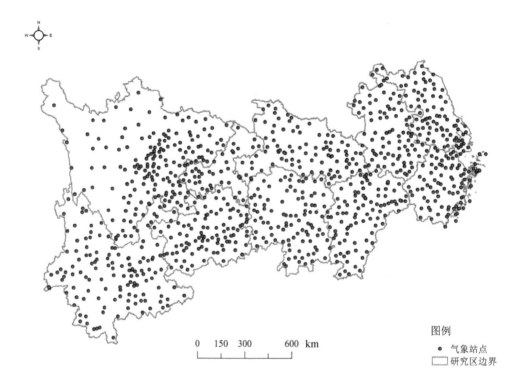

图 5-6　研究区气象站点分布

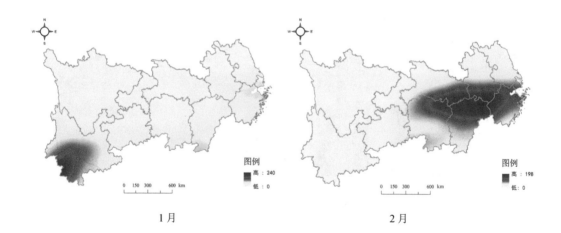

1 月　　　　　　　　　　　　　　　　　　　2 月

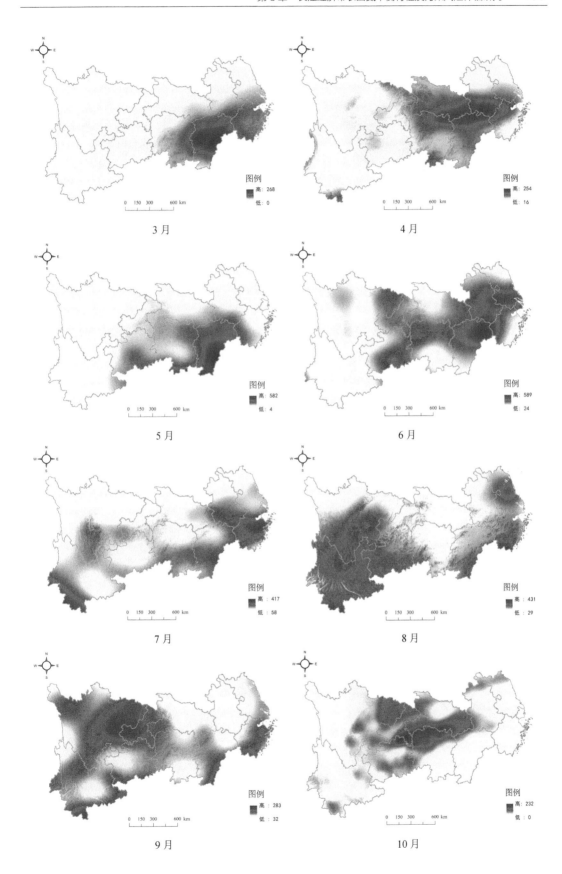

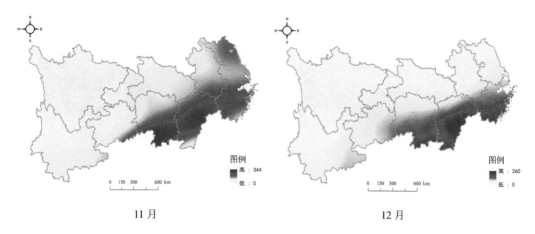

11 月　　　　　　　　　　　　　　　　12 月

图 5-7　2015 年长江经济带降水量（mm）月度空间分布

（3）地形坡度数据

地形数据主要包含数字高程数据和坡度数据，本章采用的高程数据来自地理空间数据云（http://www.gscloud.cn/）的 30 m 分辨率数字高程数据，坡度数据是基于高程数据利用 ArcGIS 中坡度计算模块计算得到。

（4）植被指数数据

本次研究采用的植被指数数据来自中国科学院地理科学与资源研究所资源环境科学与数据中心的 2015 年中国年度植被指数（NDVI）空间分布数据集（图 5-8）。

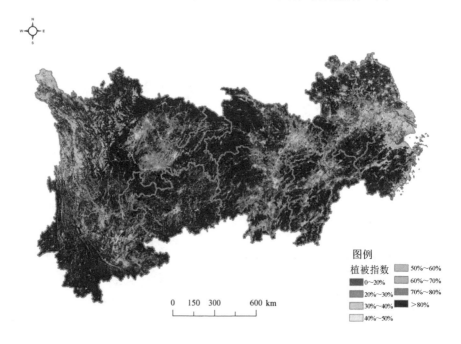

图 5-8　长江经济带 2015 年植被指数空间分布

5.2.2　社会经济数据

（1）化肥施用量

我国作为世界上肥料消费的大国，每年化肥消费数量巨大。而长江经济带作为我国重要的农作物产地，其化肥消耗量在全国占据举足轻重的地位。数据显示，2015 年长江经济带 11 省（市）化肥施用量（折纯量）共计 2 163.6 万 t，占全国施用总量的 35.9%。其中氮肥施用量 945.8 万 t，磷肥施用量 310.5 万 t，复合肥施用量 694.1 万 t，分别占全国施用总量的 40.0%、36.8% 和 31.9%。具体到各省（市），安徽、湖北、江苏作为区内最重要的农作物生产省份，其化肥施用量位居前三位，均超过 300 万 t，另外四川、湖南、云南等省也超过 200 万 t（表 5-2）。

表 5-2　2015 年长江经济带各省（市）化肥施用量　　　　　　　单位：万 t

	化肥施用量	氮肥	磷肥	复合肥	钾肥
上海	9.9	5.0	0.7	3.8	0.4
江苏	320	162.1	42.4	96.3	19.2
浙江	87.5	46.3	10.2	24.3	6.7
安徽	338.7	107.6	34.1	165	32
江西	143.6	42.2	22.1	57.7	21.6
湖北	333.9	138.5	60.3	104	31.1
湖南	246.9	101.6	26.5	75.2	43.6
重庆	97.7	49.7	17.8	24.7	5.5
四川	249.8	124.7	49.6	57.7	17.8
贵州	103.7	52.8	12.3	28.7	9.9
云南	231.9	115.3	34.5	56.7	25.4
全国	6 022.9	2 361.7	843.2	2176	642

（2）主要农作物种植面积及产量

长江经济带凭借其得天独厚的气候和土壤条件成为我国农业基础地位最为突出的地方。全国 13 个粮食主产区中有 6 个分布于此。数据显示，2015 年长江经济带各省（市）农作物种植面积达到 60 550×10³ hm²，占全国农作物种植面积的 40%。其优势作物主要为稻谷、薯类、油菜籽、蔬菜等，作为全国最为知名的"鱼米之乡"，稻谷种植面积 19 580×10³ hm²，占全国种植总数的 64.8%。从地域分布看，四川省及安徽省农作物种植面积均超过 8 000×10³ hm²，湖南、湖北、江苏三省均超过 7 000×10³ hm²，而上述 5 个省份也均与其全国粮食主产区的定位相吻合（图 5-9）。

从农作物产量角度看，2015 年长江经济带 11 省（市）主要农作物产量 5.93 亿 t，占全国总量的 35.9%。其中稻谷产量达 2.08 亿 t，占全国总量的 65.7%；薯类产量 1 737 万 t，占全国总量的 52.2%；油菜籽产量 1 229 万 t，占全国总量的 82.3%；另外大豆及蔬菜、水果的产量也均占全国总量的 30%以上。从地域分布看，江苏省农作物产量最高，达到 9 833 万 t，其次为四川省的 8 044 万 t，湖南、湖北、安徽三省紧随其后，均超过 7 000 万 t，空间分布格局与农作物种植面积基本吻合（图 5-10）。

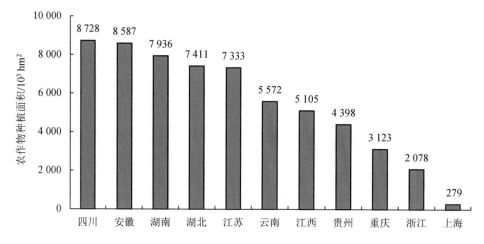

图 5-9　2015 年长江经济带各省（市）农作物种植面积

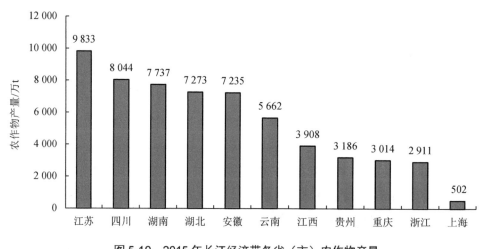

图 5-10　2015 年长江经济带各省（市）农作物产量

（3）畜禽存（出）栏量

研究区同时也是我国畜禽养殖的重要产地，尤以生猪为甚，数据显示 2015 年研究区生猪出栏量 3.57 亿头，占全国总量的 50.4%；牛（包含肉牛和奶牛）存栏量 2 843 万头，占全国总量的 32%；羊出栏量 3 103 万头，占全国总量的 20.62%；家禽出栏量 42.87 亿只，占全国总量的 35.65%。从地域分布看，四川、湖南两省为主要的生猪养殖省份，出栏量分别达到 7 236 万头和 6 077 万头，位居全国的第 1 和第 3 位，另外安徽、江苏、四川三省畜禽养殖量均超过 6 亿只，位居全国第 6、第 7、第 8 位（表 5-3）。

表 5-3　2015 年长江经济带各省区市畜禽养殖情况　　　　单位：万头（只）

省市区	生猪出栏量	肉牛存栏量	奶牛存栏量	羊出栏量	家禽出栏量
上海	204.4	0	5.8	39.5	1 943.9
江苏	2 978.3	9.1	20.0	730.2	73 536.8
浙江	1 315.6	9.5	4.4	111.7	15 202.3
安徽	2 979.2	140.4	13.0	1 133.4	75 286.0
江西	3 242.5	260.9	7.2	75.1	47 656.1
湖北	4 363.2	242	6.9	550.6	51 222.7
湖南	6 077.2	358.1	15.5	699.9	41 474.7
重庆	2 119.9	108.7	1.8	274.3	24 206.6
四川	7 236.5	561.8	17.8	1698	66 154.9
贵州	1 795.3	349.6	6.1	246.1	9 618.2
云南	3451	688.2	17.1	854.7	21 080.9
全国	70 825	7 373	1 507	29 472	1 198 720

5.3　氮养分平衡特征及效率分析

利用农田氮养分平衡计算方程得到 2015 年长江经济带 129 个地级市氮输入/输出情况并进行估算，分析氮盈余的空间分布特征。

5.3.1　总体结果

表 5-4 为 2015 年长江经济带 11 省（市）农田生态系统氮元素养分平衡状况。结果表明，氮养分输入总量为 1 809.79 万 t，输出总量为 1 392.05 万 t，总体呈现出盈余态，总盈余量为 417.74 万 t。在各项输入项中化肥输入贡献最大，达到 1 111.09 万 t，占比达到 61.39%，其次为有机肥（包含秸秆、饼肥、粪肥）输入量 450.44 万 t，占全部输入量的 24.89%；对于氮元素输出项而言，最主要的为作物收获，总量为 896.24 万 t，占全部输出量的 64.54%，其次是挥发损失 203.88 万 t 以及反硝化损失 153.09 万 t，占比分别为 14.68% 和 11.02%。

表 5-4　2015 年长江经济带农田生态系统氮元素养分平衡状况

输入项目	数量/万 t	输出项目	数量/万 t
化肥输入	1 111.09	作物收获	896.24
秸秆	94.84	反硝化	153.09
饼肥	40.81	挥发	203.88
粪肥	314.79	淋溶	57.85
干湿沉降	99.35	径流	77.61
生物固氮	123.01	输出总量	1 392.05
灌溉	13.94	总盈余量	417.74
种子	11.97		
输入总量	1 809.79		

5.3.2 氮输入

（1）化肥输入

综合统计各省（市）氮肥施用量（折纯）和复合肥中氮比率计算得到研究区农田氮养分输入量，结果显示 2015 年研究区农田化肥氮输入量为 1 111.09 万 t。从地域分布看，江苏农田化肥氮输入量最大，达到 176.3 万 t，其次是湖北和安徽，均超过 150 万 t，主要分布在长江中下游农作物主产区（图 5-11）。

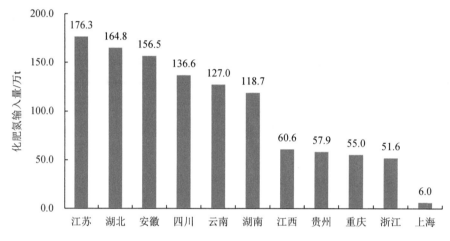

图 5-11　2015 年研究区农田化肥氮输入量

（2）有机肥输入

有机肥输入包含秸秆输入、饼肥输入和畜禽粪肥输入三项。计算结果显示 2015 年研究区农田有机肥氮输入量为 450.44 万 t。从地域分布来看，四川省农田有机肥氮输入量最大，达到 75.9 万 t，其次是湖南省（69.6 万 t）和云南省（61.3 万 t）（图 5-12）。从有机肥输入的构成比例可以看出，畜禽粪肥输入是最主要的来源，占全部有机肥输入总量的 68.22%。因此畜禽养殖量较大的省市诸如四川、湖南、云南等农田有机肥氮输入量较大。

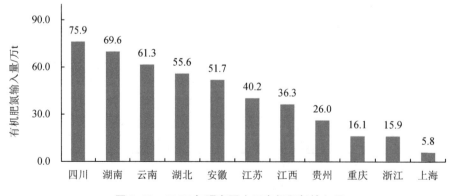

图 5-12　2015 年研究区农田有机肥氮输入量

5.3.3 氮输出

（1）作物收获氮输出

作物收获是各项农田氮输出项中占比最大的来源，2015 年研究区农田作物收获氮输出量为 896.24 万 t，占全部农田氮输出量的 64.38%。其中水稻作为研究区最主要作物，其收获所带来的氮输出量占全部输出量的比例为 34%，另外小麦和蔬菜收获所带来的农田氮输出比例也较高，分别为 15.2% 和 9.3%。从地域分布来看，与前文所述农作物种植产量分布高度重合，安徽省作物收获输出氮量最高，达到 147.2 万 t，其次是江苏（135.6 万 t）和四川（127.5 万 t），另外湖北、湖南两省也均超过 100 万 t（图 5-13）。

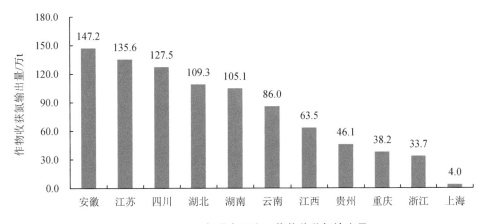

图 5-13　2015 年研究区农田作物收获氮输出量

（2）氮挥发输出

2015 年研究区农田氮挥发输出量为 203.88 万 t，占全部输出量的 14.64%，是氮输出的第二大来源。从地域分布看，云南农田氮挥发输出量最高，达到 29.4 万 t，另外四川、湖北、江苏、安徽、湖南等农作物主产区也均超过 20 万 t（图 5-14）。

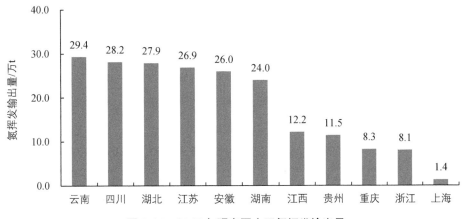

图 5-14　2015 年研究区农田氮挥发输出量

5.3.4　氮平衡

人为养分施加与农田损失消耗数量不协调以及肥料施加结构的不合理，极易导致农田氮养分比例的失衡。通过对长江经济带各省（市）农田氮输入/输出结果进行汇总可以看出，研究区 11 省（市）农田氮均呈现不同程度的盈余（图 5-15），其中盈余量最大的为湖北，达到 71.7 万 t，之后是云南（63.2 万 t）和四川（56.4 万 t），而盈余量相对较少的省市主要有上海（1.1 万 t）、江西（19.1 万 t）、重庆（22.2 t）（表 5-5）；与绝对盈余量分布规律相同，单位面积盈余量较大的省（市）主要有云南（125.5 kg/hm²）、湖北（124.9 kg/hm²）、湖南（103.8 kg/hm²）；而上海（54.2 kg/hm²）、江西（56.1 kg/hm²）、贵州（57.8 kg/hm²）等省（市）较小。

表 5-5　2015 年研究区各省（市）农田氮平衡量

省（市）	氮平衡/万 t	氮平衡密度/（kg/hm²）	省（市）	氮平衡/万 t	氮平衡密度/（kg/hm²）
四川	56.4	75.6	江西	19.1	56.1
安徽	37.7	60.6	贵州	27.2	57.8
湖北	71.7	124.9	重庆	22.2	82.3
江苏	44.7	91.7	浙江	24.5	95.6
湖南	50.0	103.8	上海	1.1	54.2
云南	63.2	125.5	研究区	417.7	87.5

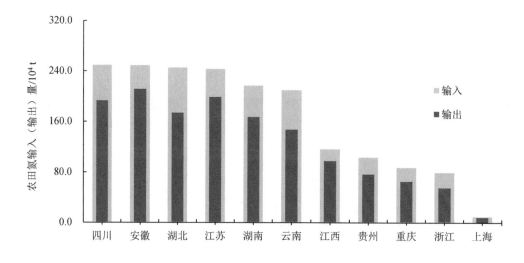

图 5-15　2015 年研究区各省（市）农田氮输入（输出）量

在地级市层面，129 个地级及以上城市（含上海及重庆市）中绝大部分呈现出氮盈余态，仅有 6 个地级市出现氮亏损，占比为 4.65%，其中江苏镇江（–3.16 万 t）、安徽亳州

（−3.03 万 t）亏损量较大。共有 25 个地市盈余量超过 5 万 t，主要分布在湖北（6 个）、云南（5 个）、湖南（4 个）、江苏（4 个），其中湖北襄阳、江苏徐州、云南曲靖均超过了 10 万 t。从氮养分负荷分布可以看出，高值区主要分布在云南、湖北大部、江苏北部及湖南中南部地区。其中湖北鄂州氮负荷量最大，达到 446.77 kg/hm²，其次是云南曲靖 326.29 kg/hm²；另有 8 个地级市负荷量超过 200 kg/hm²（图 5-16）。

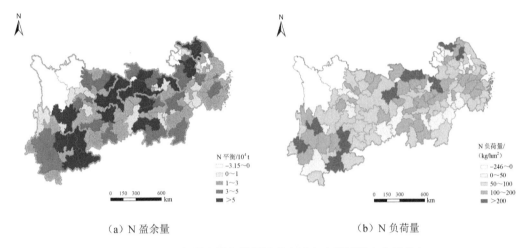

（a）N 盈余量　　　　　　　　　　（b）N 负荷量

图 5-16　2015 年研究区各地级及以上城市农田氮盈余空间分布

5.3.5　氮利用效率

通过查阅相关文献确定采用氮再循环率（N recycling rate，NRR）作为氮利用效率指示因子来评估研究区氮利用效率。

$$\text{NRR} = \frac{M}{N_{\text{inp}}} \times 100\% \tag{5-1}$$

式中，M——有机肥中氮输入量；

　　　N_{inp}——农田系统全部氮输入量。

表 5-6 为研究区各省（市）及世界主要国家和地区氮利用效率。由表 5-6 可知，2015 年研究区氮利用效率较低，仍停留在过去粗放式发展的模式中。作为表征耕地中氮养分再循环能力的重要指标，NRR 数值越高，代表着农田对额外的氮输入尤其是化肥的依靠度越低，自我维持能力越强。而研究区 2015 年平均 NRR 仅为 24%，远远低于世界先进水平，主要原因在于近年来为片面追求高产高效，过度依赖化肥使用，而有机肥作为缓释肥料其效率较低，使得有机肥还田比率大幅下降。

表 5-6　研究区与其他地区氮利用效率因子比较　　　　　　　　单位：%

区域	氮再循环率 NRR	区域	氮再循环率 NRR
四川	30.4	上海	18.6
云南	29.2	江西	31.2
贵州	25.1	重庆	18.4
湖北	22.7	研究区整体	24.9
湖南	32.1	中国，2011	24.0
江苏	16.5	日本，1990s	37~41
浙江	20.1	经合组织，1990—2003	45.0
安徽	20.8		

5.4　氮污染风险评估及差异分析

近年来，过量施肥所带来的环境污染问题越来越突出，农田氮随着地表径流进入受纳水体，引起水体富营养化和土壤污染等问题。因此评估农田氮污染风险对于农田非点源污染防控具有重要指导意义。

利用本书 2.5 节所述污染风险潜势评估方法对研究区农田氮污染重点区域识别，结果显示研究区耕地面积共计 48.31 万 km²，其中极高风险区域占比达 32.8%，高风险区域占比 31.3%，高风险及以上区域占比达 64.1%；另有 19.4%的区域为中风险，低风险及极低风险面积仅占全部耕地面积的 16.5%。可见，综合自然条件及养分盈余现状，研究区极易发生氮流失，进而造成水体污染（图 5-17、图 5-18）。

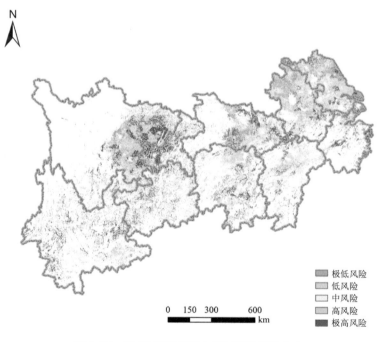

	极低风险
	低风险
	中风险
	高风险
	极高风险

0　150　300　　　600
km

图 5-17　2015 年研究区农田氮污染风险分布

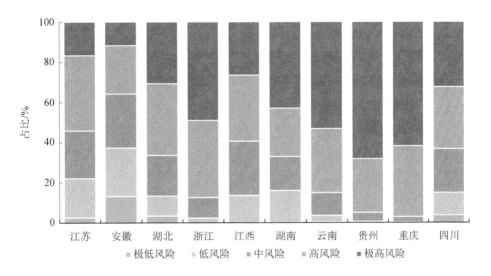

图 5-18　2015 年研究区各省（市）农田氮污染风险等级分布

　　具体到各省（市）来看，贵州的极高风险区占比最高，达到 68.11%，其次是重庆（61.81%）和云南（53.18%），主要分布在长江经济带上游地区，而极高风险区占比较小的主要为安徽（11.61%）、江苏（16.75%）、江西（26.50%）等。相比之下，安徽、江苏、湖南、四川等省的低风险区和极低风险区面积占比较大，其中安徽低风险区和极低风险区占比达到 37.36%，其次是江苏的 22.13%，而贵州和重庆均不足 1%，其中重庆仅占0.31%。综合上述两方面因素可以看出，重庆、贵州、云南等省的农田氮污染风险潜势较高，需在今后工作中进行重点防范。

5.5　结果与讨论

5.5.1　长江经济带氮平衡特征及成因解析

　　长江经济带 11 省（市）2015 年农田生态系统氮养分平衡呈现出明显的"四高"特征，即高投入、高产出、高富集、高度依赖化肥输入。研究区氮平均输入密度高达 379 kg/hm^2，平均输出密度为 291.65 kg/hm^2，分别是全球 2000 年农田氮输入密度（50.4 kg/hm^2）和输出密度（50.6 kg/hm^2）的 7.51 倍和 5.76 倍，是欧盟输入密度（126.7 kg/hm^2）和输出密度（99.8 kg/hm^2）的 3 倍和 2.91 倍，在全球主要国家中仅次于荷兰的 424.2 kg/hm^2 及322.1 kg/hm^2。计算得到的研究区氮平衡负荷为 87.52 kg/hm^2，高于相关研究所测算的中国平均氮负荷（62.8 kg/hm^2），同时高于世界其他主要国家平均水平，分别是亚洲平均水平（26.4 kg/hm^2）和欧洲平均水平（39.2 kg/hm^2）的 3.31 倍和 2.23 倍。由前文可知，研究区氮输入量中化肥输入占比为 61.39%，明显高于世界其他国家平均水平，分别是日本

（40%）的 1.5 倍和美国（28.7%）的 2.14 倍，与农业高度规模化、集约化的荷兰（62.8%）相同。而这种趋势短期内无法得到改善甚至有逐渐加剧的趋势，主要原因有以下几点。

（1）严峻的人地关系

作为一个耕地资源相对短缺的国家，我国人均耕地面积不足 1 000 m²，不足世界平均水平的一半，同时在人口持续增长、经济高速发展、工业化城市化不断推进的过程中耕地流失十分严重，而作为中国经济的重要增长极的长江经济带更是面临严重的耕地资源短缺问题，人均耕地面积仅为全国平均水平的 75%。近年来耕地面积呈现出下降趋势，数据表明研究区 11 省（市）除湖北和四川耕地面积增加外其余地区全部出现耕地面积减少趋势。

为了克服人多地少等诸多不利因素，多熟种植是中国作物种植制度的重要特征。中国约有 56% 的耕地实行多熟种植，其中长江流域是中国复种指数较高的地区，安徽、湖北复种指数大于 140%，西南各省及湖南、江西的复种指数分布在 120%～140%。而另一方面提高作物单产产量也是破解当前人地矛盾的重要手段。2015 年研究区单位耕地面积农作物产量约为 13 000 kg/hm²（考虑复种情况），相当于 OECD 国家 2010 年平均值（2 700 kg/hm²）的 4.90 倍，甚至超过了生产效率最高的荷兰。而施加化肥则是提高亩产的最重要及最有效的手段。当前面临的主要问题是为了片面追求高产而过量施肥的现象普遍存在，诸多研究表明过量施肥对于农作物增产并无实际意义，反而会造成土壤自身肥力下降、养分大量流失，造成大气和水体污染等不良后果。计算结果表明，1990—2015 年，研究区 11 省（市）氮肥施用量由 740 万 t 增长到 1 111 万 t，增幅达 50%，而粮食产量增幅仅为 15%，单位氮肥施用量产量由 27.48 kg 下降为 21.12 kg，下降幅度为 23.14%，除去上海上升外其余地区均出现不同程度下降，云南降幅最大达到 50%，而贵州、四川、湖北、湖南等省降幅也较大，反映出这些省（市）近年来肥料利用效率降低，过度施肥现象严重。

（2）饮食结构发生转变

随着近年来我国经济的飞速发展及人民生活水平的不断提高，饮食结构发生了明显的转变。主要体现在对于谷物的直接消费下降，而对于肉蛋奶等畜产品的需求量大幅上升，人均谷物消费量由 1990 年的 238.80 kg 下降为 2015 年的 134.5 kg，降幅为 44%，而同时肉类及禽类消费量由 20.1 kg 增加到 34.6 kg，增幅为 72%。谷物消费量的大幅下降并未随之带来产量的下降，反之产量由 1995 年的 4.16 亿 t 增加到 2015 年的 5.72 亿 t，增幅为 37.5%。主要原因在于随着畜产品消费量的逐年增加，营养物质的输入由初级生产者（谷物）转变为次级生产者（牲畜），用于充当牲畜饲料的谷物数量大大增加。相关研究指出，2013 年我国生产的玉米 74% 用于牲畜饲料，表明饮食习惯的转变会带来更大规模的农田养分输入，加之随着我国人口峰值的来临，未来对于农作物的需求仍处在加速上升状态，由此可见未来一段时间农田养分输入仍将保持高位。

（3）种植业及养殖业空间高度重叠

长江经济带各省（市）不仅是我国主要的粮食主产区，同时也是我国畜牧业最为发达的地区。2015 年全国生猪出栏量排名前 10 的省（区、市）中有 5 个在研究区内，其中四川以 7 236 万头位列第一。研究区 11 省（市）不仅提供了 37.76%的粮食和 37.32%的蔬菜，而且提供了 43.45%的肉类供给。因此种植业及养殖业空间高度重叠会更加加剧氮的高投入、高产出及高富集现象。

5.5.2 长江经济带氮高风险成因解析

根据前文计算得到研究区氮高风险及以上区域占比达 64.1%，因此大部分农田均面临较大的氮流失风险。为探究造成长江经济带氮高污染风险的成因，笔者利用相同方法对 2015 年中国十大一级区中的北方五区（松花江流域、辽河流域、海河流域、黄河流域、西北诸河流域）氮流失风险同时进行计算（图 5-19），结果显示北方五区极高风险地区所占比例仅为 3.95%，高风险及以上区域占比为 18.44%，仅约为研究区平均水平的 30%；相反低风险及极低风险区域面积占比为 60.04%，是研究区平均水平的 3.63 倍。

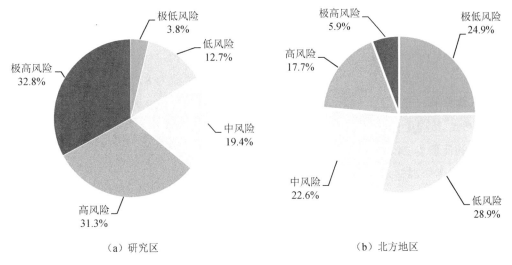

（a）研究区 　　　　　　　　　　（b）北方地区

图 5-19 2015 年研究区与北方地区农田氮污染风险分布对比

主要原因有以下几点：

1）研究区所辖区域河网密集，枝杈纵横，且河流径流量较大，特别是长江中下游地区更为明显。研究区河网密度约为 0.227 km/km²，而北方五区的河网密度为 0.105 km/km²，仅为研究区密度的一半。由于河网密度大，农田与河道间距离较近，土壤中氮极易由于降雨或灌溉作用流失进入河道中造成污染。研究区耕地平均与河距离为 1 500 m，而北方五区平均与河距离为 2 472 m，是研究区的 1.65 倍。

2）研究区内降水量大尤其是侵蚀性降水量远大于北方地区，研究区 2015 年平均侵蚀性降水量达 928 mm，是北方五区（142 mm）的 6.53 倍。侵蚀性降水量大，使得氮随着降水侵蚀及径流作用离开土壤的可能性大大增加，而北方地区特别是华北平原同样是我国主要农产区，河南、河北、山东的氮盈余量位居全国第 2、第 6、第 7 位，但最终污染风险却小于研究区各省（市），主要在于其降水量较少，绝大多数氮并未随径流入河而是继续留在土壤中。

3）研究区西部云南、重庆、贵州等省（市）的风险潜势较高也与其坡度较高有一定关系，一般而言坡度加大更有利于养分随径流作用流失，而研究区内安徽、江苏两省相对风险等级较低也是由于两省地势平缓，以平原地貌为主。

5.6　本章小结

本章以长江经济带 11 省（市）共 129 个地市级行政单元为研究对象，建立农田生态系统氮平衡计算模型并分析了其农田氮输入及输出量，得到了氮平衡的空间分布特征。之后将氮平衡结果耦合侵蚀性降水量、与河道距离、坡度等要素确定了农田氮污染风险等级。该方法可直观识别出农田高污染风险区，为农田非点源污染防控和水环境治理提供理论和数据支持。结论如下：

1）2015 年研究区农田生态系统氮输入量为 1 809.79 万 t，输出量 1 392.24 万 t，呈现出净盈余态，盈余量为 417.74 万 t，平均盈余态氮养分负荷为 87.5 kg/hm²。从各项输入/输出项来源来看，化肥施用是最大的输入项来源，达到 1 111.09 万 t，占全部输入项的比例为 61.4%，其次是有机肥（包含秸秆、饼肥、畜禽及农村人口粪肥等三项）输入，占全部输入项的比例为 24.89%；从输出项来看，作物收获是最主要的输出途径，输出量达到896.24 万 t，占全部输出项的 64.3%。

2）从空间分布来看，在省级尺度，11 个省（市）全部呈现氮盈余态，其中湖北盈余总量最大达到 71.67 万 t，其次为云南（63.17 万 t）和四川（56.40 万 t），而盈余量相对较少的省（市）主要有上海（1.12 万 t）、江西（19.13 万 t）、重庆（22.22 万 t）。单位面积盈余量较大的省份主要有云南（125.48 kg/hm²）、湖北（124.93 kg/hm²）、湖南（103.78 kg/hm²）；上海（54.24 kg/hm²）、江西（56.12 kg/hm²）、安徽（60.59 kg/hm²）等省（市）较小。地级及以上城市层面中，129 个地级及以上城市（含上海和重庆）中绝大部分均呈现出氮盈余态，仅有 6 个地级市出现氮亏损，占比为 4.65%，而盈余较大区域主要分布在云南、湖北大部及江苏北部及湖南中南部地区。

3）通过对长江经济带 11 省（市）农田氮污染风险进行识别，结果显示研究区整体处于氮污染高风险状态，极高风险区域占比达 32.8%，高风险区域占比 31.3%，高风险及以上区域占比达 64.1%；另有 19.4% 的区域为中风险，低风险及极低风险面积仅占全部耕地面积的 16.5%。相比之下地处长江上游的贵州、重庆、云南三省（市）极高风险区域占比最大，表示其农田氮污染风险潜势较高，需在今后工作中进行重点防范。

4）从整体结果看，研究区各省（市）均存在不同程度农田氮污染风险，由于地形、降水量及河网密度等自然特征无法改变，关键在于控制耕地氮的负荷量。为此提出以下建议：①大力推行精准施肥，了解种植地块影响作物生产的环境因素（土壤性质、肥力、地形、气候），在此基础上优化施肥结果，遵循"减过控多增缺"的原则制定相应的施肥方案，以求达到最大的经济及环境效益；②提高有机肥施用率，有机肥可以有效改善土壤理化性质及生物特性，增强土壤保肥能力，另外，含有丰富的有机物和营养元素可加快微生物活动促进养分的吸收利用，有效减少养分流失；③改进施肥方法，主要根据作物阶段营养特点、肥料的特性、土壤的保肥性能、作物生长状况确定适宜的施肥方式。使作物在不同生长阶段都能得到所需养分的有效供应，减少养分固定与损失，提高利用率。

参考文献

Bouwman A F，Beusen A H W，Billen G. 2009. Human alteration of the global nitrogen and phosphorus soil balances for the period 1970–2050[J]. Global Biogeochemical Cycles，23（4）.

Chen M，Chen J，Sun F. 2010. Estimating nutrient releases from agriculture in China：An extended substance flow analysis framework and a modeling tool[J]. Science of the Total Environment，408（21）：5123-5136.

Chen X P，Cui Z L，Fan M，et al. 2014. Producing more grain with lower environmental costs[J]. Nature，514（7523）：486-489，B1.

Cheng S，Lei C，Limei Z，et al. 2018. National-scale evaluation of phosphorus emissions and the related water-quality risk hotspots accompanied by increased agricultural production[J]. Agriculture，Ecosystems & Environment，267：33-41.

Eickhout B，Bouwman A F，Zeijts H V. 2006. The role of nitrogen in world food production and environmental sustainability[J]. Agriculture Ecosystems & Environment，116（1-2）：4-14.

Galloway J N，Dentener F J，Capone D G，et al. 2004. Nitrogen cycles：past，present，and future[M]. Fruit present and future. Royal Horticultural Society.

Gu B，Ju X，Chang J，et al. 2015. Integrated reactive nitrogen budgets and future trends in China[J]. Proceedings of the National Academy of Sciences，112（28）：8792-8797.

Gu B J，Ge Y，Ren Y，et al. 2012. Atmospheri reactive nitrogen in China：sources，recent trends and damage costs[J]. Environ Sci Technol，46：9420-9427.

Han Y，Fan Y，Yang P，et al. 2014. Net anthropogenic nitrogen inputs（NANI）index application in Mainland China[J]. Geofisica Internacional，213（1）：87-94.

He F，Huang J L，Cui K H，et al. 2007. Effect of real time and site specific nitrogen managements on rice yield and quality[J]. Scientia Agricultural Sinica，40：123-132.

Huysman S，Sala S，Mancini L，et al. 1995. Towards a systematized framework for resource efficiency indicators[J]. Resour Conserv Recycl，68-76.

Liu J，You L，Amini M，et al. 2010．A high-resolution assessment on global nitrogen flows in cropland[J]. Proceedings of the National Academy of Sciences of the United States of America，107（17）：8035-8040.

Liu L J，Xu W，Sang D Z，et al. 2006．Site-specific nitrogen management increases fertilizer-nitrogen use efficiency in rice[J]. Acta Agronomica Sinica.

Ma L，Velthof G L，Wang F H，et al. 2012．Nitrogen and phosphorus use efficiencies and losses in the food chain in China at regional scales in 1980 and 2005[J]. Sci Total Environ，434：51-61.

Oenema O，Witzke H P，Klimont Z，et al. 2009．Integrated assessment of promising measures to decrease nitrogen losses from agriculture in EU27[J]. Agriculture Ecosystems & Environment，133（3）：280-288.

Shindo J. 2012．Changes in the nitrogen balance in agricultural land in Japan and 12 other Asian countries based on a nitrogen-flow model[J]. Nutr Cycl Agroecosyst，94：47-61.

Ti C，Pan J，Yan X X. 2012．A nitrogen budget of mainland China with spatial and temporal variation[J]. Biogeochemistry，108（1-3）：381-394.

Xuejun L，Fusuo Z. 2011．Nitrogen fertilizer induced greenhouse gas emissions in China[J]. Current Opinion in Environmental Sustainability，3（5）：407-413.

Wang Xuelei，Aiping，et al. 2014．Spatial variability of the nutrient balance and related NPSP risk analysis for agro-ecosystems in China in 2010[J]. Agriculture，Ecosystems & Environment，193：42-52.

Zhang W，Li H，Li Y. 2019．Spatio-temporal dynamics of nitrogen and phosphorus input budgets in a global hotspot of anthropogenic inputs[J]. Science of The Total Environment，656：1108-1120.

丁明军，陈倩，辛良杰，等. 2015．1999—2013年中国耕地复种指数的时空演变格局[J]. 地理学报，（7）：58-68.

姜甜甜，高如泰，夏训峰，等. 2009．北京市农田生态系统氮养分平衡与负荷研究——以密云县和房山区为例[J]. 农业环境科学学报，28（11）：2428-2435.

李书田，金继运. 2011．中国不同区域农田养分输入、输出与平衡[J]. 中国农业科学，44（20）：4207-4229.

刘晓利. 2005．我国"农田—畜牧—营养—环境"体系氮养分循环与平衡[D]. 保定：河北农业大学.

刘庄，李维新，张毅敏，等. 2010．太湖流域非点源污染负荷估算[J]. 生态与农村环境学报，26（S1）（z1）：45-48.

全国农业技术推广服务中心. 1999．中国有机肥料养分志[M]. 北京：中国农业出版社.

全国农业技术推广服务中心. 1999．中国有机肥料资源[M]. 北京：中国农业出版社.

苏锐清，曹银贵. 2019．中国耕地利用变化的研究方法分析：立足驱动与模拟研究[J]. 中国农业资源与区划，（6）.

孙铖，周华真，陈磊，等. 2017．农田化肥氮磷地表径流污染风险评估[J]. 农业环境科学学报，36（7）：1266-1273.

王激清，马文奇，江荣风，等. 2007．中国农田生态系统氮平衡模型的建立及其应用[J]. 农业工程学报，（8）：220-225.

王佳月，辛良杰．2017．基于 GlobeLand30 数据的中国耕地与粮食生产的时空变化分析[J]．农业工程学报，33（22）：1-8.

张国，逯非，赵红，等．2017．我国农作物秸秆资源化利用现状及农户对秸秆还田的认知态度[J]．农业环境科学学报，36（5）：981-988.

朱兆良，孙波，杨林章，等．2005．我国农业面源污染的控制政策和措施[J]．科技导报，（4）：48-52.

第6章　我国种植业氮、磷平衡研究

农田养分循环和平衡是影响生产力和环境的重要过程，也是农业、生态和环境科学研究的核心问题之一。农田养分平衡不仅决定着农田土壤肥力的发展方向，而且与生态环境和粮食安全也密切相关，农田养分循环去向直接关系着环境污染、土壤退化，并决定着施肥效果。我国近年来由于不合理施肥加剧了土壤养分的非均衡化，增强了土壤酸化过程，导致农田土壤生态环境恶化和资源利用率下降等问题。而氮、磷过量盈余的农田非点源污染问题是导致江河湖泊富营养化的重要原因。因此研究我国农田养分平衡状况，对于进一步了解我国农田非点源污染分布格局以及为精准治污提供可靠依据。

本章通过收集 2005 年及 2018 年我国种植业相关面板数据，计算各省（区、市）农田氮、磷各项输入项和输出项分布，最终得到上述两个年份各省（区、市）农田氮、磷平衡结果，并基于此开展相应结果时空变化分析。

6.1　我国农业生产状况

（1）化肥

我国作为世界上肥料消费的大国，每年化肥消费数量巨大，随着经济的不断发展和人口增加对粮食需求的增加，化肥的消费量不断增加。从 1990 年以来我国的化肥消费总量呈现显著增长趋势，1990 年化肥消费总量为 2 590.3 万 t，到 2015 年达到顶峰，化肥消费总量达到 6 022.7 万 t。2016 年国家逐步推行绿色生产方式，促进农业可持续发展，农业部首次提出"农药化肥双减"和"农药零增长"的概念和目标，随后我国化肥用量开始出现下降趋势，到 2018 年化肥用量为 5 653.54 万 t，较 2015 年下降 6.13%。除化肥总量外，我国化肥施用数量的另一大特征是复合肥数量不断增长，1990 年我国复合肥施用量仅为 341.6 万 t，占全部化肥施用量的 13.18%；到了 2018 年复合肥施用量已跃升到 2 268.8 万 t，增长数量为 1 927.2 万 t，占化肥施用总量的比例也提高到 40.13%，而与此同时氮肥的施用数量仅增加 427 万 t。由于 20 世纪 80 年代我国化肥消费数量的激增，1989 年我国一跃成为世界上化肥消费量最多的国家并一直持续至今（图 6-1）。

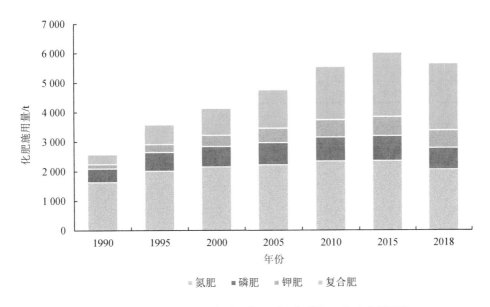

图 6-1　1980—2018 年我国氮、磷、钾化肥及复合肥消费量

　　从 2018 年化肥施用量分布可以看出（表 6-1），全国 31 个省（区、市）（不含港澳台，下同）中化肥施用量最大的为河南，达到 692.8 万 t，其次是山东省的 420.3 万 t；其他施肥量大于 250 万 t 的省份有河北、安徽、湖北、江苏、新疆、广西，以上省份均为我国主要的农产品产区。总体而言东部地区施肥量明显大于西部地区，尤其是淮河流域的河南、山东、安徽、江苏等地，这与其地势平坦适宜农作物生长有密切关系。同 2005 年相比，参与计算的 31 个省（区、市）中，有 23 个省（区、市）的化肥施用量 2018 年较 2005 年有不同程度的增长，其中增长数量最高的为河南省，由 518.1 万 t 增长到 692.8 万 t，增长数量为 174.7 万 t，其次为新疆维吾尔自治区和内蒙古自治区，增长数量同样超过了 100 万 t，达到 147.2 万 t 和 106 万 t，增长超过 70 万 t 的还有黑龙江（94.7 万 t）、吉林（90.2 万 t）、陕西（82.3 万 t）和云南（74.7 万 t）。可以看出化肥施用数量增长较大的区域主要分布在东北和西部地区；另外还有 8 个省（区、市）化肥施用量出现下降，其中江苏省减少量最大，由 340.8 万 t 下降到 292.5 万 t，下降量为 48.3 万 t，其次是山东省，下降了 47.3 万 t，出现下降的还有：浙江（16.5 万 t）、福建（11.3 万 t）、北京（7.5 万 t）、天津（6.4 万 t）、江西（6.2 万 t）、上海（6 万 t），可以看出下降的省（市）位于东部沿海发达地区，主要原因是其经济高度发达，农作物种植面积出现明显下降。通过对 2005 年与 2018 年种植面积进行对比可以发现，全国有 14 个省份农作物种植面积出现下降，其中福建（733.3×10³ hm²）、浙江（631.5×10³ hm²）、广东（463.2×10³ hm²）、河北（379×10³ hm²）、北京（200.1×10³ hm²）、上海（111.2×10³ hm²）等下降幅度较大，可以看出化肥施用量下降地区与农田种植面积减少地区重合度较高（图 6-2）。

表 6-1   典型年份全国各省（区、市）各类别化肥施用量（折纯量，万 t）

省（区、市）	2005 年					2018 年				
	化肥总量	氮肥	磷肥	复合肥	钾肥	化肥总量	氮肥	磷肥	复合肥	钾肥
辽宁	119.9	64	11.4	34.9		145	54.8	10	68.4	11.8
吉林	138.1	61.3	6.2	60.7	9.6	228.3	58.4	6.3	149.6	14
黑龙江	150.9	57.5	33.8	42	10	245.6	83.6	49.5	77.9	34.7
北京	14.8	7.8	1.2	5.2	17.7	7.3	3	0.4	3.5	0.4
天津	23.3	11.6	3.7	6.6	0.6	16.9	5.6	2	8	1.3
河北	303.4	155.2	48.6	75.4	1.5	312.4	114.5	23.9	150	24
山西	95.7	41.1	19	28.8	24.3	109.6	25.3	11.6	63.8	9
山东	467.6	189.8	57.5	175.5	6.9	420.3	130.7	42.1	211.9	35.6
河南	518.1	227.2	106.1	134.1	44.9	692.8	201.7	96.3	337.3	57.4
上海	14.4	8.9	1.5	3.6	50.8	8.4	3.8	0.6	3.8	0.3
江苏	340.8	183	48.2	87.9	0.5	292.5	145.6	34	95.7	17.2
浙江	94.3	56.1	12.6	18.1	21.7	77.8	40.1	8.6	22.9	6.1
安徽	285.7	111.1	38.9	105	7.5	311.8	95.6	28.2	160.1	27.9
江西	285.8	142	59.8	60.8	30.7	123.2	34	18.5	52.9	17.9
湖北	209.9	106	25.6	43.4	23.2	295.8	113.1	46	107.7	29.1
湖南	129.4	47.8	25.4	35.5	34.9	242.6	94.1	25.5	81.4	41.6
内蒙古	116.7	60.5	20.5	26.6	20.8	222.7	86.1	40.8	77.2	18.4
陕西	147.3	76.7	16.9	43	9.2	229.6	88.9	17.9	98.7	24.1
甘肃	75.9	36.6	15.5	19.5	10.8	83.2	33.2	15.5	26.9	7.6
青海	7	3.1	1.6	2	4.4	8.3	3.5	1.4	3.3	0.2
宁夏	29.9	13.8	3.6	11.4	0.3	38.4	16.4	4.1	15.2	2.8
新疆	107.8	53.4	26.4	23.4	1.1	255	109.9	65.1	59.1	20.9
重庆	79.1	46.5	17.5	11.2	4.6	93.2	45.9	16.6	25.4	5.3
四川	220.9	121.8	45.1	40.6	3.8	235.2	112.1	45.4	60.3	17.4
贵州	77.4	44.6	10.1	16.9	12.9	89.5	40.1	10.6	29.8	8.9
云南	142.7	79.9	22.7	28	5.9	217.4	105	31.3	56.5	24.6
西藏	4.2	1.8	1.3	1	12	5.2	1.5	0.9	2.4	0.4
福建	122	51.3	16.5	29.8	0.1	110.7	41.9	15.5	31.4	21.9
广东	204.6	93.8	19	50.3	24.4	231.3	88.6	27	70.8	44.9
广西	201.3	63.3	25.2	64.8	41.6	255	73.8	30	95.3	56
海南	37.3	12.2	2.4	17.6	48	48.4	14.8	3.1	21.8	8.6

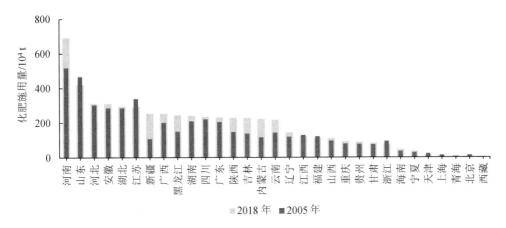

图 6-2　典型年份全国各省（区、市）化肥施用量变化

单位面积农用地施肥量也是衡量肥料施用效率的一项重要指标。据统计我国用仅占世界耕地 7%的面积却消耗了世界 35%的肥料，我国单位面积用量是世界平均水平的 3.7 倍。2018 年我国农田平均单位面积施肥量为 372 kg/hm²。据世界粮农组织（FAO）统计分析，目前世界平均每公顷耕地化肥施用量约 120 kg，其中美国为 110 kg，德国为 212 kg，日本为 270 kg，英国为 290 kg，相比于发达国家 225 kg/hm² 的安全上限，我国化肥施用量远远超额。从 2018 年各省（区、市）单位面积化肥用量分布可以看出，基本与化肥施用量分布相同。单位面积施用量较大的省份仍主要为河南、江苏、广东、安徽、山东等中东部地区；而西部地区由于农作物种植面积少，单位面积施肥量往往小于 250 kg/hm²，其中青海单位面积施肥量最小，为 180 kg/hm²，仅为海南（最大）的 30%。

通过与 2005 年数据进行比较可以看出，2005 年我国单位面积农用地施肥量为 348 kg/hm²，低于 2018 年的 372 kg/hm²。从地域分布来看，31 个省（区、市）有 22 个单位面积农用地施肥量出现增长，其中北京、陕西、海南、福建等省（市）增幅均超过 200 kg/hm²；而另有江苏、山东、天津、上海等 9 省份单位面积农用地施肥量出现下降（图 6-3）。

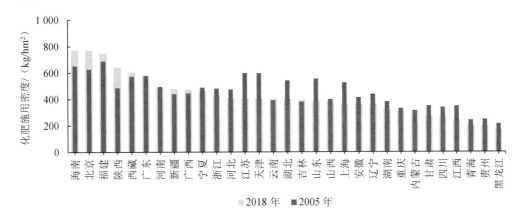

图 6-3　典型年份全国各省（区、市）化肥施用密度变化

（2）农作物播种面积

从 1949 年到 2018 年，我国农作物总种植面积从 124 286×10^3 hm² 上升到 165 902×10^3 hm²，上升率为 32%；具体到各省（区、市）来看，有 17 个省份农作物种植面积出现不同程度增加，主要分布在黑龙江、内蒙古、新疆等国土面积较大的省份以及广大中西部地区，其中黑龙江省农作物总种植面积由 2005 年的 8 725.3×10^3 hm² 增加到 2018 年的 14 175×10^3 hm²，净增量达到 5 450×10^3 hm²；而另有 14 个省份出现了播种面积减少的趋势，主要分布在东部地区，原因在于东部地区经济发达，工业化及城镇化进程较快，部分耕地使用属性发生变更，另外大量劳动力转向工业及服务业使得从事种植业劳动力数量减少，造成一部分农田闲置。其中福建省农作物播种面积减少量最大，达到 733×10^3 hm²，另外浙江及广东省的减少量也均超过了 400×10^3 hm²（图 6-4）。

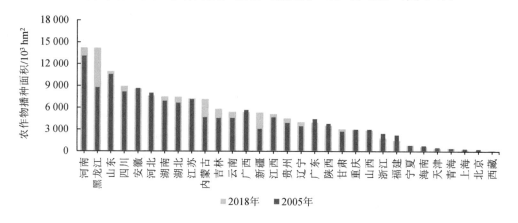

图 6-4　典型年份全国各省（区、市）农作物播种面积变化

从农作物播种面积构成来看，其中粮食作物[①]播种面积从 109 958×10^3 hm² 小幅增长到 117 038×10^3 hm²，增长率仅为 2.99%，而经济作物则保持着较快的增长趋势，由 14 328×10^3 hm² 上升为 48 864×10^3 hm²，是 1949 年的 3.4 倍。从地域分布来看，粮食作物种植面积较大的主要为黑龙江、河南、山东、安徽、四川、河北等省，其中黑龙江省和河南省种植面积均超过 10 000×10^3 hm²；非粮食作物种植面积较大的区域主要包括河南、湖南、山东、湖北、新疆、四川、广西等省（区）。相较于粮食作物，非粮食作物地域性较强，例如甘蔗种植面积有 60.81% 来自广西，棉花种植面积的 50% 来自新疆（图 6-5、图 6-6）。

---

① 粮食作物在本研究中主要包括稻谷、小麦、玉米、薯类、豆类等。

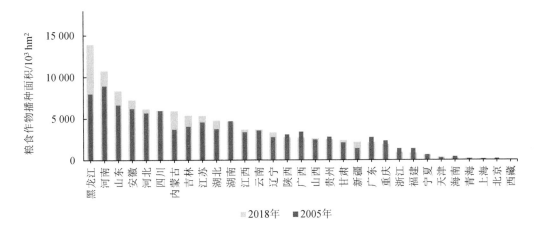

图 6-5　典型年份全国各省（区、市）粮食作物播种面积变化

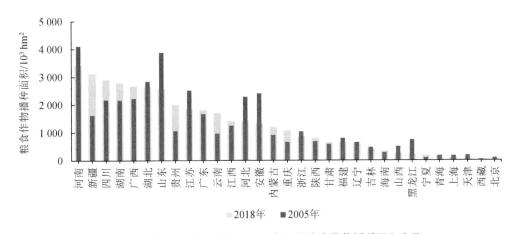

图 6-6　典型年份全国各省（区、市）非粮食作物播种面积变化

　　通过将 2005 年及 2018 年我国各省（区、市）化肥用量及农作物种植面积变化量进行梳理，可将我国各省（区、市）分为 4 类（图 6-7）。第一类为化肥用量及农作物种植面积均有所增加，其中又分为两种情况，一种情况以内蒙古、新疆、河南等为例，其化肥施用增幅明显大于农作物面积增幅，使得其化肥施用密度增加，主要原因是所增加的作物面积主要以施肥量较大的经济作物为主，以新疆为例，2018 年较 2005 年农作物种植面积增加 $2\,271\times10^3\ \mathrm{hm^2}$，其中主要以棉花为主，其种植面积增加 $1\,331\times10^3\ \mathrm{hm^2}$，约占全部增加量的 58.60%；另一种情况以湖北、四川等省份为代表，其农作物面积增幅大于化肥施用数量增幅使得其化肥施用密度减小，以湖北省为例，2018 年较 2005 年农作物种植面积增加 $854\times10^3\ \mathrm{hm^2}$，主要作物增加面积集中在稻谷、小麦、玉米等施肥量相对较少的粮食作物，油菜籽、棉花等作物种植面积出现负增长。

　　第二类为化肥用量减少而农作物种植面积有所增加，使得化肥施用密度减小，以山东、江苏、江西为代表。

第三类为化肥用量及农作物种植面积均出现减少，同样分为两种情况，一种情况以天津、上海为代表，其化肥施用量降幅大于农作物面积降幅，使得其化肥施用密度减少，主要原因是，减少的种植面积主要来自经济作物，以上海为例，2018 年较 2005 年农作物种植面积减少 $111.2 \times 10^3 \text{ hm}^2$，其中油菜籽、蔬菜及水果三类面积减少量达 $81 \times 10^3 \text{ hm}^2$，占全部面积减少量的 73%；另一种情况以北京、浙江、福建为代表，其农作物面积降幅明显大于化肥施用降幅，使得其化肥施用密度增加，其原因是主要面积减少量来源于粮食作物。以北京为例，2018 年较 2005 年农作物种植面积下降 $200.1 \times 10^3 \text{ hm}^2$，而小麦、玉米、大豆减少面积占到了全部减少量的 66%。

第四类情况为化肥施用量增加而农作物种植面积减小使得化肥施用密度出增加，以陕西、广东、广西等省区为代表。

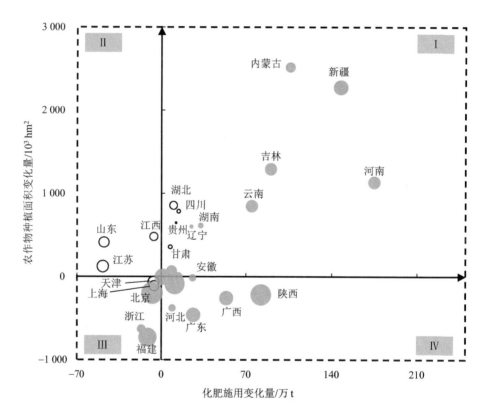

图 6-7　全国各省（区、市）化肥施用量变化与农作物种植面积变化关系

图中横坐标代表 2018 年与 2005 年相比化肥施用变化量，纵坐标代表 2018 年与 2005 年相比农作物种植面积变化量，各省（区、市）气泡大小代表化肥施用密度变化量绝对值，黄色表示 2018 年与 2005 年相比化肥施用密度增加，白色表示 2018 年与 2005 年相比化肥施用密度减少。

（3）畜禽数量

随着社会经济的高速发展和人民生活水平的日益提高，对于肉蛋奶等畜产品的消费量显著增长，1990 年家禽出栏量仅为 20 亿只左右，而到了 2018 年全国家禽出栏量达到 130.89 亿只，是 1990 年的 6.5 倍，同样的趋势也出现在生猪和羊。从地域分布可以看出，全国生猪饲养主要分布在山东、河南、湖北、湖南、四川等省份；牛、羊的饲养分布在内蒙古、青海、新疆等西部地区，这主要与其地域广阔且草原植被丰富相关。家禽出栏最多的为山东省，2018 年出栏量达到 21.68 亿只，也是全国唯一出栏量大于 20 亿只的地区，广东、辽宁、河南、广西、安徽、江苏等省区次之（图 6-8、图 6-9）。

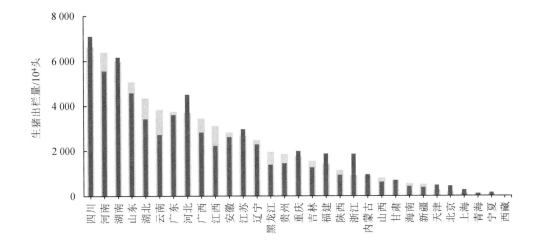

图 6-8　典型年份全国各省（区、市）生猪出栏量变化

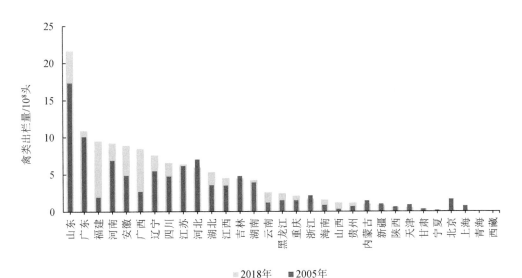

图 6-9　典型年份全国各省（区、市）禽类出栏量变化

6.2　数据来源

数据来源主要包括国家统计局公布的《中国农业年鉴2006》《中国农村统计年鉴2006》和《中国农业年鉴2018》《中国农村统计年鉴2018》。输入数据主要包括：①化肥施用量（包括氮肥、磷肥、复合肥），以折纯量计；②农作物种植面积，包括水稻、小麦、玉米、大豆、薯类、花生、油菜、向日葵、棉花、蔬菜、水果等作物；③农作物种植产量，包括水稻、小麦、玉米、大豆、薯类、花生、油菜、向日葵、棉花、甘蔗、甜菜、蔬菜、水果等13大类；④畜禽养殖量及农村人口数，主要有猪、牛、羊、大牲畜（包括马、驴、骡、骆驼等）、家禽、兔、农村人口共8类。其中每一大类又根据其输出系数不同分为如下小类：其中猪分为幼猪、成年猪、孕猪；牛、大牲畜、羊均分为幼畜和成年畜两类。畜禽头数中猪、家禽、兔按照年内出栏量进行统计，牛、大牲畜、羊按照年末存栏量进行统计；⑤国土面积及农用地面积，农用地面积包括耕地及园地，其中耕地面积又分为水田及旱地面积；⑥农田有效灌溉面积。

6.3　我国农田营养元素平衡——输入项

6.3.1　总体结果

通过对各农田系统营养元素输入项进行汇总，可以计算得到2018年全国种植业氮元素输入量共计4 285.64万t，磷元素输入量1 857.25万t。农田生态系统氮元素的主要输入来源为化肥氮的输入，达到2 678.77万t，占全部氮元素输入量的62%；其次是有机肥（包含秸秆、饼肥、畜禽粪肥），达到962.72万t，占比约为22%；排在第三位的来源为生物固氮，占比约为8%（图6-10）；对于磷元素来讲，化肥输入量为1 679.97万t，占全部输入量的90.5%；其次为有机肥的8.9%（图6-11）。

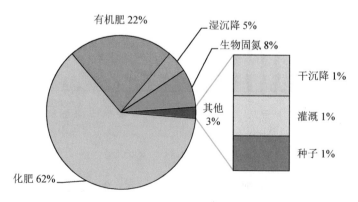

图6-10　2018年全国农田氮元素输入项占比

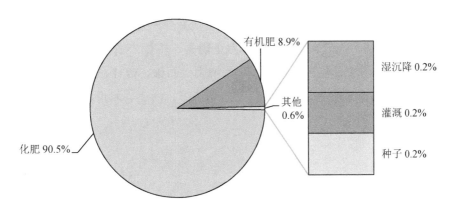

图 6-11　2018 年全国农田磷元素输入项占比

　　从地域分布来看，全国共有 8 个省级行政单元农田系统氮输入量超过 200 万 t，主要分布在河南、山东、河北、黑龙江、四川、江苏、安徽、湖北等省，其中河南省输入量最大，达到 435.62 万 t，其次是山东的 334.94 万 t；而海南、宁夏、天津、青海、上海、西藏、北京等省区市输入量不足 50 万 t，其中北京最少，仅为 6.12 万 t（图 6-12）。对于磷来讲，输入量超过 100 万 t 的省份主要有河南、山东、河北等省，其中河南输入量依旧最大，达到 269.84 万 t；其次是山东的 166.04 万 t；西藏自治区输入量最小，仅为 2.05 万 t。

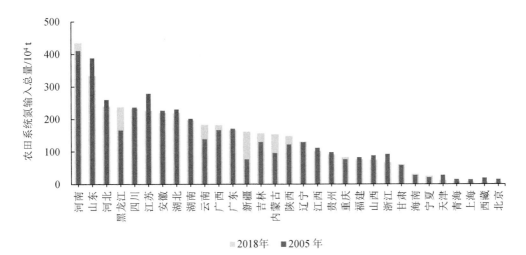

图 6-12　典型年份全国各省（区、市）农田系统氮输入量变化

　　通过计算得到 2005 年全国农田系统氮输入量为 4 173.22 万 t，磷输入量 1 435.51 万 t，分别与 2018 年相比减少 112.42 万 t 和 421.74 万 t。从地域分布看，共有 13 个省份氮输入量出现增加，其中新疆增加量最多，达到 85.32 万 t，其次是黑龙江（71.29 万 t）、内蒙古

（58.32 万 t）、吉林（26.58 万 t）、陕西（26.53 万 t）、河南（24.13 万 t），可以看出主要分布在东北和西部地区；另外 18 个省份氮输入量出现减少，其中山东省减少量最多，达到53.96 万 t，其次是江苏、浙江、河北等省。对于磷素，共有 25 个省份输入量出现不同程度增多，与氮相同，增加量较多的省份同样是河南、新疆、吉林、内蒙古、黑龙江等省（区），另有 6 个省（市）输入量出现减少，包括江苏、浙江、北京、天津、上海、江西等（图 6-13）。

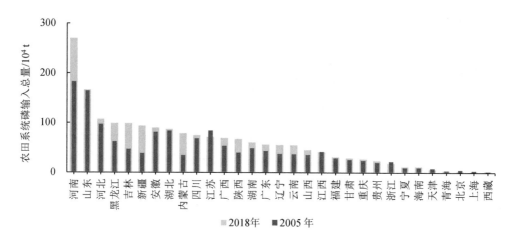

图 6-13　典型年份全国各省（区、市）农田系统磷输入量变化

6.3.2　化肥输入

综合各研究年份统计年鉴中化肥施用量（折纯）和复合肥中氮、磷比率计算得到全国农田化肥养分输入量。从计算结果中可以看出，2018 年全国农田化肥氮输入量为2 678.77 万 t，农田化肥磷输入量为 1 679.97 万 t。从地域分布来看，农田化肥氮、磷输入量分布与化肥施用量分布大致相同。对于氮而言，全国共有 15 个省份输入量大于 100万 t，其中河南（298.93 万 t）、山东（191.54 万 t）、江苏（168.99 万 t）、河北（156.25万 t）、安徽（143.61 万 t）、湖北（142.47 万 t）等省输入量大于 140 万 t，主要分布在黄淮海平原沿线省份（图 6-14）；对于磷而言，全国有 14 个省份输入量大于 50 万 t，主要分布在河南（254.52 万 t）、山东（142.60 万 t）、河北（95.40 万 t）、吉林（93.81万 t）、黑龙江（92.30 万 t）、新疆（89.93 万 t）、安徽（80.26 万 t）、湖北（79.40 万 t）等（图 6-15）。

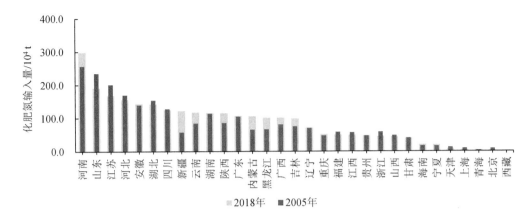

图 6-14　典型年份全国各省（区、市）农田化肥氮输入变化

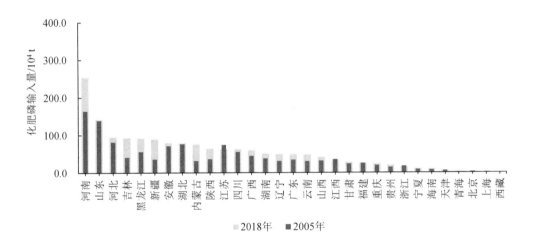

图 6-15　典型年份全国各省（区、市）农田化肥磷输入变化

通过比对 2005 年我国农田化肥营养元素输入量结果可以看出，2005 年全国农田化肥氮输入量为 2 521.40 万 t，农田化肥磷输入量为 1 254.45 万 t，分别较 2018 年减少 157.37 万 t 和 425.52 万 t。从地域分布来看，2018 年相较 2005 年有 18 个省（区、市）化肥氮输入量出现增加，其中新疆（64.68 万 t）、河南（41.89 万 t）、内蒙古（40.47 万 t）、黑龙江（35.08 万 t）、云南（33.16 万 t）省（区）增加量较大；另有 13 个省份化肥氮输入量出现减小，其中山东（−43.76 万 t）、江苏（−32.54 万 t）、河北（−14.08 万 t）、浙江（−13.43 万 t）、湖北（−11.42 万 t）、福建（−8.3 万 t）等省份减少量较多。结果表明东北及西部地区农田化肥氮输入量呈现增加趋势，而华北及东南沿海地区呈现农田化肥氮输入量减少趋势。

对于农田化肥磷输入有 24 个省份出现增加，同氮元素相同增加量较多的省（区）主要为河南（89.59 万 t）、新疆（53.74 万 t）、吉林（52.32 万 t）、内蒙古（43.68 万 t）、黑龙江（35.85 万 t）、陕西（28.02 万 t）。造成上述各省（区）化肥营养元素输入量大幅增加的主要原因是，这些地区近年来在原有氮肥、磷肥施用总数保持稳定的前提下大幅提高复合肥的施用数量，其中河南省增长数量最大，达到 203.2 万 t，其次是吉林（88.9 万 t）、陕西（55.7 万 t）、安徽（55.1 万 t）、内蒙古（50.6 万 t）。

而北京、天津、上海、江苏、浙江、江西、福建等省（市）则出现了化肥氮、磷均同步减少的情况，主要出现在东部发达地区。

将各地区农田化肥输入量除以对应农田面积可以得到对应输入密度，从图 6-16 中可以看出，2018 年全国单位面积农田化肥氮输入量为 161.46 kg/hm²，全国共有 19 个省（区、市）农田氮肥输入密度大于平均值，其中北京输入密度最大，达到 380.23 kg/hm²，这与北京种植结构以施肥量较大的蔬菜、水果为主有密切关系；其次是福建（316.45 kg/hm²）、海南（297.86 kg/hm²）、陕西（282.58 kg/hm²）等，高值区主要分布在东南沿海地区及华北地区；而输入密度较小区域主要分布在东北及西部地区，其中黑龙江最小，仅为 69.15 kg/hm²。农田化肥磷输入情况与氮相类似，全国单位面积农田化肥磷输入量为 101.26 kg/hm²，其中北京最高，达到 199.78 kg/hm²；其次是河南（172.18 kg/hm²）、福建（159.23 kg/hm²）、陕西（158.74 kg/hm²）、吉林（154.11 kg/hm²）等；而贵州输入密度最小，仅为 36.45 kg/hm²（图 6-17）。

通过比对 2005 年对应结果可以看出，2005 年全国单位面积农田化肥氮输入量为 162.16 kg/hm²，单位面积农田化肥磷输入量为 80.68 kg/hm²。相比之下单位面积化肥氮输入量保持稳定，而单位面积磷输入量上升幅度较大。从空间分布看，共有 14 个省（区、市）单位面积化肥氮输入量出现下降，下降幅度较大的有天津、上海、山东、江苏等经济发达省份；另有 5 个省份出现单位面积化肥磷输入量的下降。

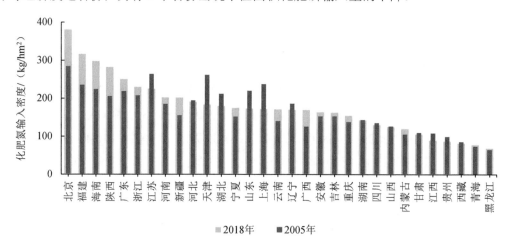

图 6-16　典型年份全国各省（区、市）农田化肥氮输入密度变化

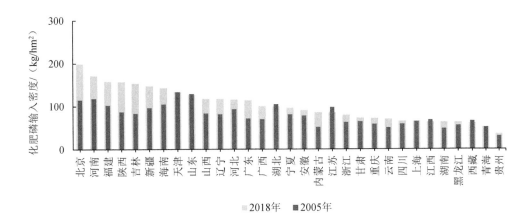

图 6-17 典型年份全国各省（区、市）农田化肥磷输入密度变化

6.3.3 秸秆输入

根据秸秆还田输入营养量计算公式可以得到研究年份全国秸秆还田代入农田系统的氮、磷数量。计算结果显示，2018 年全国秸秆还田氮输入量为 298.03 万 t，磷输入量为 41.50 万 t。具体各农作物来源见表 6-2。

表 6-2 2018 年秸秆还田养分输入量　　　　　　　　　　　单位：万 t

作物	籽粒产量	秸秆产量	氮输入量	磷输入量
水稻	21 212.9	19 091.6	57.54	8.22
玉米	13 144.4	14 458.8	99.79	16.27
小麦	25 717.8	30 861.4	49.04	6.04
大豆	1 596.7	2 554.7	11.76	1.27
薯类	2 865.5	1 432.8	13.95	1.56
花生	1 733.2	1 386.6	13.18	1.16
油菜籽	1 328.1	3 320.3	10.69	1.72
向日葵	249.4	548.7	0.94	0.13
棉花	610.3	1 830.8	4.89	0.59
甘蔗	10 809.7	32 429.1	35.67	4.54
甜菜	1 127.7	1 127.7	0.57	0.00

可以看出，水稻、小麦、玉米作为我国各类农作物中种植面积最大、产量最高的 3 种作物，也是秸秆产生量及氮、磷输入量最大的植物。从图 6-18 中可以看出，玉米是秸秆还田贡献率最大的作物，分别占农田秸秆还田氮输入量的 34% 和磷输入量的 39%；其次是水稻和小麦。三大作物占到了全部秸秆作物氮还田量的 69% 和磷还田量的 73%。

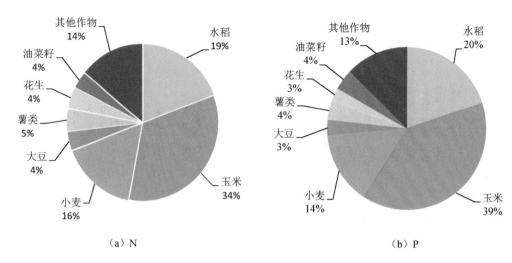

（a）N   （b）P

图 6-18   2018 年各作物秸秆还田输入量

从地域分布角度来看，山东（36.30 万 t）、河南（35.56 万 t）、河北（25.83 万 t）、广西（25.62 万 t）、四川（17.99 万 t）排在秸秆还田氮输入量最多的前五位（图 6-19）；同时这 5 个省（区）也是秸秆还田磷输入量最多的地区（图 6-20）。营养元素还田取决于两部分：一方面是作物产量，排名靠前的省份均为我国的粮食主产区，产量均位居前列；另一方面是还田比率，这些省份秸秆还田比率较高，均在 40% 以上。

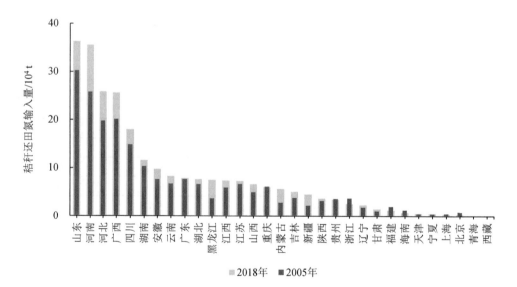

图 6-19   典型年份全国各省（区、市）农田秸秆还田氮输入量变化

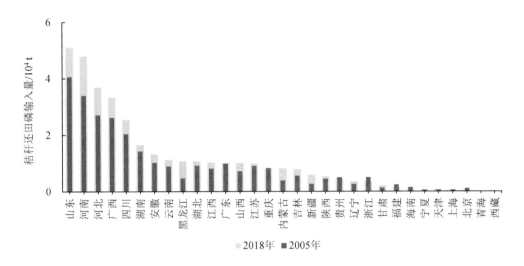

图 6-20　典型年份全国各省（区、市）农田秸秆还田磷输入量变化

通过比对 2005 年对应结果可以看出，2005 年我国农田秸秆还田氮、磷输入量为 202.99 万 t 和 27.62 万 t，分别较 2018 年减少 95 万 t 和 13.9 万 t。主要原因在于近年来我国农作物亩产增长明显，使得在种植面积保持稳定前提下总产量持续增加。以水稻、小麦、玉米三大主要粮食作物为例，2018 年其总产量分别是 2005 年的 1.17 倍、1.35 倍和 1.85 倍，由此也带来秸秆总量的快速增加。从空间分布变化上来看，全国绝大多数省份秸秆还田营养元素输入量均呈现增长趋势，仅有北京、福建、海南、浙江、上海等少数省（市）出现减少趋势，主要原因是农作物特别是主要粮食作物产量降低，以减少量最大的浙江为例，2018 年水稻产量较 2005 年减少 25.9%，玉米产量减少 20.5%。

6.3.4　饼肥输入

根据饼肥输入营养量计算公式可以得到研究年全国饼肥所代入农田系统的氮、磷数量。计算结果显示，2018 年全国饼肥氮输入量为 72.8 万 t，磷输入量为 8.8 万 t。具体各农作物来源见表 6-3。

表 6-3　2018 年饼肥养分输入量　　　　　　　　　　　单位：万 t

作物	籽粒产量	饼肥氮输入	饼肥磷输入
大豆	1 596.7	13.6	0.9
花生	1 733.2	7.7	0.6
油菜籽	1 328.1	32.8	5.0
棉花	610.3	17.7	2.2
向日葵	249.4	1.0	0.1

　　油菜籽和棉花出饼率和榨油率均较高，因此输入的饼肥氮和磷数量在几种出饼作物中较高。其中油菜籽占 45%的饼肥氮输入和 57%的饼肥磷输入；棉花占 24%的饼肥氮输入和 25%的饼肥磷输入（图 6-21）。

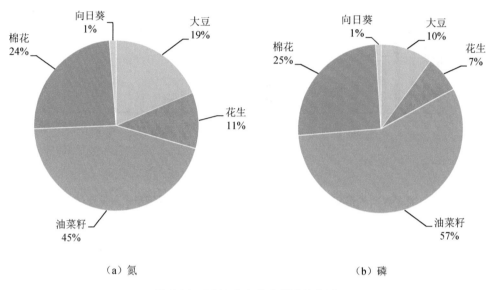

（a）氮　　　　　　　　　　　　　　　　（b）磷

图 6-21　2018 年各作物饼肥输入量

　　从地域分布角度来看，饼肥输入量 80%左右均来自油菜籽和棉花贡献，因此营养元素地域分布与油菜籽和棉花产量分布均有较高关联度。对于氮而言，新疆（15.51 万 t）、四川（8.28 万 t）、湖北（6.15 万 t）、湖南（5.64 万 t）、黑龙江（5.63 万 t）是输入量较大的省（区）（图 6-22）；而对于磷而言，前四位仍然出现在上述省（区）中，且排名也未发生变化。

　　通过比对 2005 年对应结果可以看出，2005 年我国农田饼肥氮和磷输入量为 69.88 万 t 和 8.5 万 t，与 2018 年相比相差不大，主要原因在于油菜籽和棉花两种主要作物的产量在这期间仅有少量增长。具体到各省（区、市），绝大多数省（区、市）变化不大，仅有新疆、四川等省区增幅较大，以氮为例，新疆由 2005 年的 5.95 万 t 增长到 2018 年的 15.51 万 t，主要原因是新疆近年来棉花种植面积和产量大幅提升，产量由 2005 年的 187 万 t 增长到 2018 年的 511 万 t；而江苏、安徽等省出现较为明显的减少，其中江苏农田饼肥氮输入量由 2005 年的 5.51 万 t 减少到 2018 年的 1.78 万 t，减少幅度达 67.7%，与江苏省近年来油菜籽产量大幅下降有直接关系（图 6-22，图 6-23）。

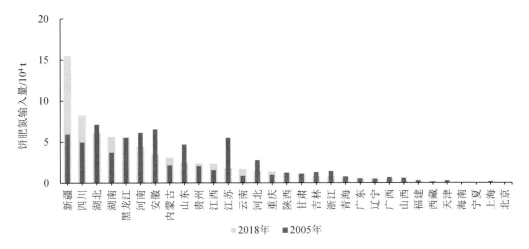

图 6-22 典型年份全国各省（区、市）农田饼肥氮输入量变化

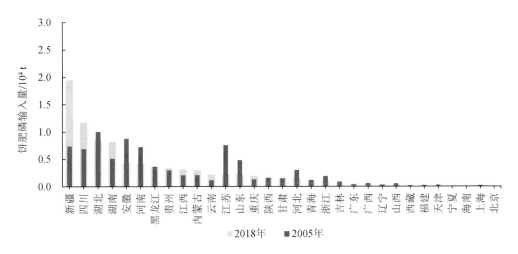

图 6-23 典型年份全国各省（区、市）农田饼肥磷输入量变化

6.3.5 畜禽及农村人口粪尿输入

畜禽及农村人口的粪尿输入是农田养分的一项主要输入源，综合统计年鉴中畜禽养殖量和各养殖种类中氮磷输出系数计算得到全国各级尺度下畜禽及农村人口粪尿养分输入量。计算结果显示，2018 年全国畜禽及农村人口粪尿氮输入量为 636.58 万 t，磷输入量为 121.94 万 t。从来源分类角度来看，对于氮而言，生猪、禽类、牛是主要的输入源，其中生猪是最大的来源项，共计输入 218.71 万 t，占全部氮输入量的 34%，其次是禽类的 155.98 万 t，占比约为 25%，牛输入量 125.80 万 t，占比为 20%；对于磷而言，最大来源项变为畜禽，输入量为 49.23 万 t，占比为 40%，其次是生猪的 33.37 万 t，占比为 27%，牛输入量为 14.86 万 t，占比为 12%（图 6-24）。

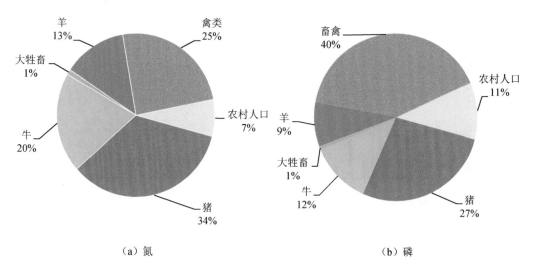

（a）氮　　　　　　　　　　　　　（b）磷

图 6-24　2018 年畜禽及农村人口粪尿输入量

从地域分布角度来看，农田粪尿输入量分布与养殖量分布大致相同，对于氮而言，2018 年全国共有 14 个省（区）输入量超过 20 万 t，其中山东（66.76 万 t）、河南（51.02 万 t）、四川（46.79 万 t）、湖南（38.18 万 t）、辽宁（36.94 万 t）等省输入量大于 35 万 t（图 6-25）；对于磷而言，全国有 11 个省（区、市）输入量大于 5 万 t，主要分布在山东（17.13 万 t）、河南（8.93 万 t）、四川（7.71 万 t）、河北（7.32 万 t）、安徽（7.12 万 t）等（图 6-26）。

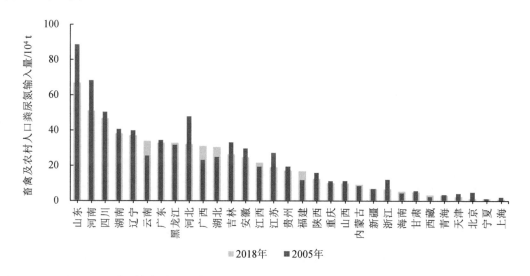

图 6-25　典型年份全国各省（区、市）农田畜禽及农村人口粪尿氮输入量变化

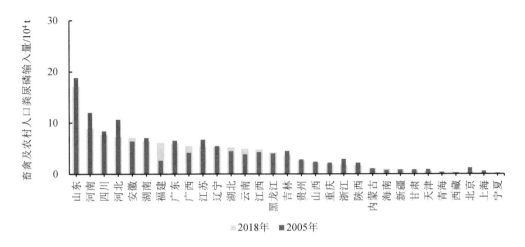

图6-26 典型年份全国各省（区、市）农田畜禽及农村人口粪尿磷输入量变化

通过比对2005年对应结果可以看出，2005年我国农田粪尿氮输入量为706.67万t，磷输入量为130.11万t，分别比2018年多70.07万t和8.16万t。原因在于我国近年来城镇化速度持续增长，由2005年的42.99%提高到2018年的59.58%，由此带来农村人口的大幅减少，由2005年的7.45亿人下降到2018年的5.46亿人，因此由农村人口带来的粪便氮、磷输入量显著下降；2018年我国牛羊存栏量较2005年出现下降，下降幅度分别为11.01%和20.26%，因此由牛羊粪便带来的营养元素输入量下降也是其中的一个重要原因。从变化量的空间分布来看，有21个省份畜禽粪便氮输入量下降，其中山东（−21.70万t）、河南（−17.09万t）、河北（−15.69万t）、江苏（−8.04万t）、吉林（−6.62万t）、浙江（−5.27万t）下降量较大；另有10个省份出现不同程度增加，其中云南省增加量最大，为8.37万t，其次是广西壮族自治区（8万t）、湖北省（5.69万t）和福建省（5.16万t）。

6.3.6 生物固氮输入

根据生物固氮输入量公式得到计算年全国各省（区、市）生物固氮营养元素输入量。生物固氮主要分为两类：一类是以大豆、花生等作物为代表的共生作物固氮；另一类是非共生植物固氮。由计算结果可知，2018年全国农田系统生物固氮量共计344.07万t，其中共生作物固氮量为91.98万t，占比约为26.73%；而非共生作物固氮量为252.09万t，占比约为73.27%。

从地域分布的角度来看，共生植物固氮量最大的省份为黑龙江，总量达到25.81万t，主要原因在于其作为我国最大的大豆生产基地，2018年大豆种植面积达到356万hm²，占全国大豆播种面积的42.4%；共生植物固氮量第二大的是河南，其作为我国花生的主要产地之一，播种面积占同期全国总量的20.99%。对于非共生作物固氮而言主要取决于耕地面积数量，计算结果显示黑龙江数值最大，达到 28.55 万 t，主要原因在于其耕地面积广大，其中旱地面积 12.66 万 km^2，位居全国首位，水田面积 3.18 万 km^2，位居全国第 7 位；其次为四川（14.22 万 t）、内蒙古（14.03 万 t）、河南（13.30 万 t）、安徽（13.09 万 t）等省份。综合以上数据可以得到 2018 年全国生物固氮量较大的地区主要为黑龙江（54.35 万 t）、河南（24.26 万 t）、内蒙古（22.10 万 t）等（表 6-4）。

表 6-4　2018 年全国各省（区、市）生物固氮量

省（区、市）	共生植物固氮量/万 t		非共生植物固氮量/万 t		总计
	大豆	花生	水田	旱地	
辽宁	0.53	1.95	2.01	6.45	10.94
吉林	2.01	1.67	2.49	9.23	15.40
黑龙江	25.69	0.12	9.55	18.99	54.35
北京	0.01	0.01	0.01	0.32	0.35
天津	0.04	0.01	0.05	0.63	0.73
河北	0.63	1.76	0.27	9.63	12.29
山西	1.08	0.04	0.00	6.08	7.20
山东	1.11	4.73	0.30	11.24	17.37
河南	2.78	8.18	2.26	11.04	24.26
上海	0.00	0.00	0.41	0.08	0.50
江苏	1.40	0.67	8.08	2.82	12.96
浙江	0.61	0.11	4.45	0.74	5.91
安徽	4.68	0.98	8.61	4.49	18.75
江西	0.76	1.14	7.42	0.92	10.23
湖北	1.58	1.58	7.95	3.88	14.99
湖南	0.77	0.74	9.79	1.33	12.63
内蒙古	7.88	0.19	0.25	13.78	22.10
陕西	1.09	0.27	0.47	5.74	7.56
甘肃	0.32	0.00	0.02	8.05	8.39
青海	0.00	0.00	0.00	0.89	0.89
宁夏	0.05	0.00	0.56	1.66	2.26
新疆	0.25	0.04	0.17	7.77	8.24
重庆	0.70	0.43	2.87	2.12	6.11
四川	2.71	1.79	8.27	5.95	18.73
贵州	1.43	0.35	3.69	4.93	10.40
云南	1.27	0.28	4.27	7.19	13.00
西藏	0.00	0.00	0.13	0.60	0.73
福建	0.22	0.47	3.32	0.34	4.36
广东	0.23	2.26	4.94	1.43	8.86
广西	0.70	1.44	5.86	3.65	11.65
海南	0.01	0.21	1.16	0.50	1.89

通过比对 2005 年对应结果可以看出，2005 年全国农田系统生物固氮量共计 346.62 万 t，略多于 2018 年结果，二者相差不大。主要原因在于两种主要固氮作物大豆和花生近年来种植面积基本保持稳定，同时从另一主要来源非共生植物固氮角度考虑，其决定因素主要在于水田和旱地面积，而据统计上述两个年份二者均变化不大。

6.3.7　湿沉降输入

根据湿沉降输入量公式得到计算年全国湿沉降营养元素输入量。计算结果显示，2018 年全国农田系统氮元素湿沉降输入量为 196.68 万 t，磷输入量为 4.32 万 t。从各省份来看，湿沉降氮输入量最大的为黑龙江，达到 29.00 万 t，主要原因在于黑龙江耕地面积广大，达到 $15\,845 \times 10^3\ \text{hm}^2$，占全国总面积的 10.65%。另外湖北（12.67 万 t）、安徽（12.29 万 t）、四川（11.49 万 t）、山东（10.03 万 t）、广西（10.00 万 t）等 5 个省（区）超过 10 万 t，可以看出湿沉降数量较大的省份主要来自南方地区，这与南方地区湿沉降通量较大有关；而西北地区由于湿沉降通量普遍较低加之耕地面积较少使得其湿沉降输入量较少，其中西藏输入量最小，仅为 0.18 万 t（表 6-5）。

表 6-5　全国各省区市农田湿沉降输入量　　　　　　　单位：万 t

省（区、市）	氮		磷	
	2005 年	2018 年	2005 年	2018 年
辽宁	5.24	6.24	0.13	0.16
吉林	5.64	7.06	0.18	0.22
黑龙江	21.54	29.00	0.38	0.51
北京	0.33	0.21	0.01	0.01
天津	0.47	0.42	0.02	0.01
河北	6.28	5.95	0.22	0.21
山西	4.75	4.20	0.15	0.13
山东	10.16	10.03	0.25	0.24
河南	7.73	7.73	0.26	0.26
上海	0.69	0.42	0.01	0.01
江苏	9.97	9.01	0.16	0.15
浙江	4.29	3.99	0.07	0.06
安徽	12.51	12.29	0.19	0.19
江西	8.12	8.38	0.10	0.10
湖北	11.98	12.67	0.16	0.17
湖南	9.47	9.94	0.13	0.13
内蒙古	4.57	5.16	0.26	0.30
陕西	7.42	5.75	0.16	0.13
甘肃	2.69	2.88	0.16	0.17
青海	0.33	0.28	0.02	0.02
宁夏	0.70	0.71	0.04	0.04

省（区、市）	氮		磷	
	2005 年	2018 年	2005 年	2018 年
新疆	0.77	1.02	0.13	0.17
重庆	3.36	5.95	0.04	0.08
四川	13.37	11.49	0.25	0.22
贵州	9.09	8.37	0.16	0.14
云南	6.81	6.59	0.21	0.20
西藏	0.15	0.18	0.01	0.01
福建	2.60	2.43	0.05	0.04
广东	8.46	6.72	0.10	0.08
广西	10.05	10.00	0.14	0.14
海南	1.70	1.61	0.02	0.02

通过比对 2005 年对应结果可以看出，2005 年湿沉降氮输入量为 191.23 万 t，磷输入量为 4.16 万 t，与 2018 年结果相差较小。主要原因在于湿沉降输入量与农作物种植面积相关，而此阶段我国农作物种植面积基本保持稳定，因此最终结果变化较小。

6.3.8 干沉降输入

根据干沉降输入量公式得到计算年全国省（区、市）干沉降营养元素输入量。可以看出 2018 年全国农田氮元素干沉降输入量为 36.38 万 t。从各省（区、市）来看，干沉降氮输入量最大的为河南，总量为 6.41 万 t；其次是山东的 4.88 万 t（表 6-6）。以上两省均为我国农业及畜禽养殖大省，无论是化肥输入量还是畜禽粪肥输入量均位列全国前两位。

通过比对 2005 年对应结果可以看出，2005 年干沉降氮输入量为 38.39 万 t，稍高于 2018 年数值，原因主要在于干沉降氮输入量与化肥氮输入量和畜禽粪肥氮输入量呈正相关关系，而由前文可知 2018 年化肥氮输入量高于 2005 年，而畜禽粪肥氮输入量小于 2005 年，二者叠加最终呈现 2018 年干沉降氮输入量略小于 2005 年的格局。

表 6-6　全国各省（区、市）农田干沉降输入量　　　　　　单位：万 t

省（区、市）	2005 年	2018 年	省（区、市）	2005 年	2018 年
辽宁	1.25	1.45	内蒙古	0.19	0.34
吉林	1.27	1.79	陕西	0.97	0.93
黑龙江	1.00	1.77	甘肃	0.19	0.20
北京	0.11	0.03	青海	0.00	0.00
天津	0.28	0.15	宁夏	0.13	0.15
河北	3.08	2.47	新疆	0.06	0.15
山西	0.67	0.53	重庆	0.37	0.67
山东	6.31	4.88	四川	1.17	0.90
河南	6.09	6.41	贵州	0.79	0.63
上海	0.22	0.07	云南	0.75	0.94

省（区、市）	2005 年	2018 年	省（区、市）	2005 年	2018 年
江苏	4.27	3.14	西藏	0.00	0.00
浙江	0.57	0.38	福建	0.32	0.28
安徽	2.80	2.67	广东	1.00	0.78
湖北	1.83	0.51	广西	0.79	0.93
湖南	1.15	1.84	海南	0.20	0.22
江西	0.56	1.16			

6.3.9 灌溉输入

根据灌溉输入量公式得到计算年全国各级行政区灌溉营养元素输入量。结果显示，2018 年全国农田系统氮随灌溉输入量共计 36.02 万 t，磷随灌溉输入量共计 3.41 万 t。由于其主要与有效灌溉面积有关，因此灌溉水营养元素输入较大的地区往往是有效灌溉面积较大的省（区、市）。其中黑龙江（$6\,119.6\times10^3\,hm^2$）、河南（$5\,288.7\times10^3\,hm^2$）、山东（$5\,236.0\times10^3\,hm^2$）、新疆（$4\,883.5\times10^3\,hm^2$）、安徽（$4\,538.3\times10^3\,hm^2$）、河北（$4\,492.3\times10^3\,hm^2$）、江苏（$4\,179.8\times10^3\,hm^2$）等省（区）有效灌溉面积较大（表 6-7），与之对应的灌溉水营养元素输入量也位居全国前列。

表 6-7 2018 年全国省级各行政区营养元素灌溉输入量

省（区、市）	有效灌溉面积/$10^3\,hm^2$	灌溉水氮输入量/万 t	灌溉水磷输入量/万 t
辽宁	1 619.3	0.76	0.08
吉林	1 893.1	0.89	0.09
黑龙江	6 119.6	2.88	0.31
北京	109.7	0.05	0.01
天津	304.7	0.14	0.02
河北	4 492.3	2.11	0.22
山西	1 518.7	0.71	0.08
山东	5 236.0	2.46	0.26
河南	5 288.7	2.49	0.26
上海	190.8	0.11	0.01
江苏	4 179.8	2.51	0.21
浙江	1 440.8	0.86	0.07
安徽	4 538.3	2.72	0.23
江西	2 032	1.22	0.10
湖北	2 931.9	1.76	0.15
湖南	3 164	1.90	0.16
内蒙古	3 196.5	1.50	0.16
陕西	1 275	0.60	0.06
甘肃	1 337.5	0.63	0.07

省（区、市）	有效灌溉面积/10^3 hm²	灌溉水氮输入量/万 t	灌溉水磷输入量/万 t
青海	214	0.10	0.01
宁夏	523.4	0.25	0.03
新疆	4 883.5	2.30	0.24
重庆	696.9	0.42	0.03
四川	2 932.5	1.76	0.15
贵州	1 132.2	0.68	0.06
云南	1 898.1	1.14	0.09
西藏	264.5	0.16	0.01
福建	1 085.2	0.65	0.05
广东	1 775.2	1.07	0.09
广西	1 706.9	1.02	0.09
海南	290.5	0.17	0.01

通过比对 2005 年对应结果可以看出，2005 年全国农田系统通过灌溉输入氮量为 29.09 万 t，输入磷 2.05 万 t，仅为 2018 年的 80%和 60%。主要原因在于近年来我国农田水利建设工作大幅度迈进，使得有效灌溉面积保持稳定增长，由 2005 年的 55 029×10^3 hm² 上升到 2018 年的 68 271×10^3 hm²，增幅达到 24.06%。从变化量地域分布来看，黑龙江、新疆、安徽、湖北等省（区）增加量较大，这与这些地区有效灌溉面积大幅增加有直接关系。

6.3.10 种子输入

根据营养元素种子输入量公式得到计算年全国省（区、市）种子营养元素输入量。本次计算根据我国主要种植作物共考虑水稻、小麦、玉米、大豆、薯类、花生、油菜、向日葵、棉花等作物。计算结果显示 2018 年通过作物种子输入氮 31.00 万 t，输入磷 3.50 万 t。

从地域角度来看，与作物播种面积成正比，因此河南、山东、黑龙江、安徽等我国农作物主产区其营养元素的种子输入量最大（表 6-8）。

表 6-8　2018 年全国各省（区、市）营养元素种子输入量

省（区、市）	种子氮输入量/万 t	种子磷输入量/万 t	省（区、市）	种子氮输入量/万 t	种子磷输入量/万 t
辽宁	0.650	0.034	内蒙古	1.107	0.140
吉林	0.781	0.048	陕西	0.785	0.124
黑龙江	2.318	0.177	甘肃	0.680	0.109
北京	0.009	0.001	青海	0.091	0.015
天津	0.075	0.013	宁夏	0.137	0.019
河北	1.795	0.280	新疆	0.980	0.144
山西	0.486	0.079	重庆	0.538	0.039

省（区、市）	种子氮输入量/万 t	种子磷输入量/万 t	省（区、市）	种子氮输入量/万 t	种子磷输入量/万 t
山东	3.170	0.462	四川	1.703	0.153
河南	4.779	0.652	贵州	0.723	0.065
上海	0.028	0.002	云南	0.722	0.075
江苏	1.727	0.256	西藏	0.016	0.003
浙江	0.228	0.016	福建	0.262	0.010
安徽	2.278	0.326	广东	0.822	0.023
江西	0.861	0.021	广西	0.732	0.027
湖北	1.481	0.150	海南	0.094	0.003
湖南	0.937	0.030			

6.4 我国农田营养元素平衡——输出项

6.4.1 总体结果

通过对各农田系统营养元素输出项进行汇总，可以计算得到全国种植业氮元素输出量。结果显示 2018 年全国种植业氮元素输出量共计 4 208.26 万 t，磷元素输出量 1 204.38 万 t。农田生态系统氮的主要输出来源为作物收获，达到 2 705.65 万 t，约占全部输出量的 60.8%；其次是挥发和反硝化作用，分别占全部输出量的 18.6% 和 14.5%（图 6-27）；对于磷来讲，在各输出项中，作物收获占全部输出量的 70%（图 6-28）。

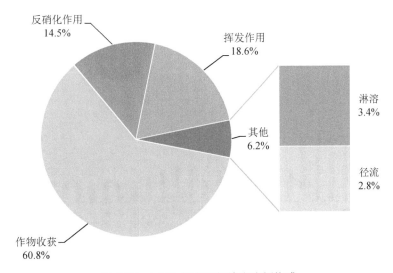

图 6-27 2018 年农田氮输出比例构成

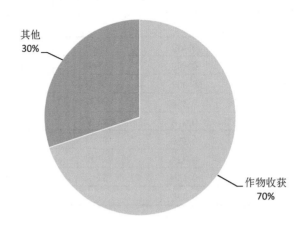

图 6-28 2018 年农田磷输出比例构成

从地域分布来看，全国共有 8 个省份农田系统氮输出量超过 200 万 t，为河南、黑龙江、山东、安徽、江苏、河北、四川、内蒙古等省（区），其中河南输入量最大，达到 447.35 万 t，其次是黑龙江的 342.16 万 t 和山东的 341.65 万 t；而宁夏、海南、天津、青海、上海、北京、西藏等省（区、市）输出量不足 50 万 t，其中西藏最少，仅为 3.22 万 t（图 6-29）。对于磷来讲，河南（170.70 万 t）、山东（123.6 万 t）、黑龙江（114.70 万 t）、河北（79.70 万 t）、安徽（71.0 万 t）位列磷输出量前 5 位，这 5 个省（区、市）输出量共计 559.70 万 t，占全国输出总量的 40.44%；而天津（4.50 万 t）、青海（2.70 万 t）、上海（1.90 万 t）、北京（1.20 万 t）、西藏（1.10 万 t）则位列后 5 位（图 6-30）。

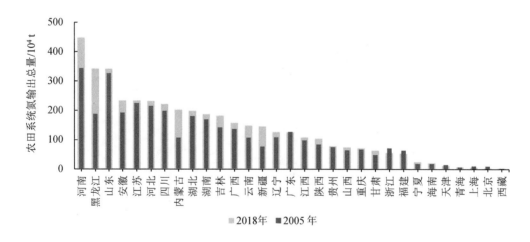

图 6-29 典型年份全国各省（区、市）农田系统氮输出量变化

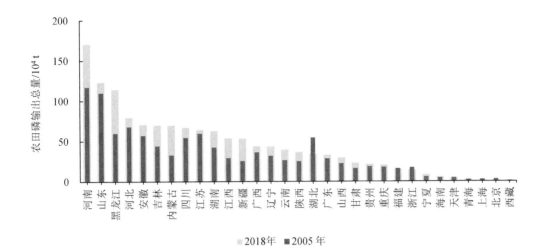

图 6-30　典型年份全国各省（区、市）农田磷输出量变化

通过计算得到 2005 年全国农田系统氮输出量为 3 485.05 万 t，磷输出量 895.47 万 t，分别与 2018 年相比减少 723 万 t 和 309 万 t。从地域分布看，共有 25 个省（区、市）氮输出量出现增加，其中黑龙江增加量最多，达到 154.98 万 t，其次是河南（104.25 万 t）、内蒙古（95.23 万 t）、吉林（69.58 万 t）、安徽（41.54 万 t）、云南（41.36 万 t）、吉林（40.38 万 t），可以看出主要分布在东北和西部地区；另外仅有 6 个省（市）氮输出量出现减少，主要为浙江、福建、北京、上海、天津、广东等东部发达地区。对于磷来讲，共有 26 个省（区、市）输出量出现不同程度增多，与氮相同，增加量较多的省（区）同样为黑龙江、河南、内蒙古、吉林等；另有 5 个省（市）出现减少，包括江苏、浙江、北京、天津、上海等。

6.4.2　作物收获输出

根据作物收获输出量公式得到计算年全国省（区、市）作物收获营养元素输出量。结果显示，2018 年全国农田系统通过作物收获方式造成的氮输出量共计 2 557.38 万 t，磷输出量共计 829.80 万 t。从各种作物输出量来看，玉米、水稻、小麦这三大粮食作物种植面积大、产量高，因此其收获后所输出的营养元素也最多，占全部氮输出量的 70.0%和磷输出量的 69.6%；其中玉米又成为输出营养元素最多的作物，其占全部氮输出量的 36.4%和磷输出量的 35.9%（图 6-31、图 6-32）。

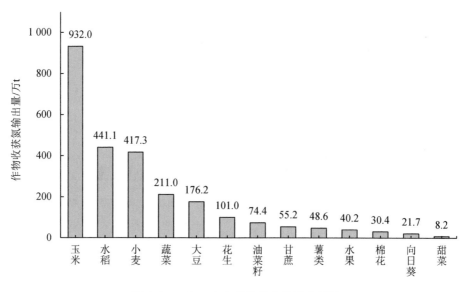

图 6-31　2018 年各种作物收获输出氮量

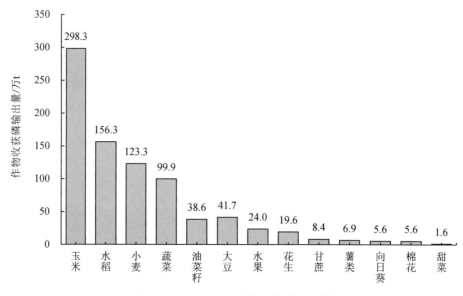

图 6-32　2018 年各种作物收获输出磷量

从地域角度来看，由于作物收获输出量主要与三大粮食作物产量分布呈现高度相关，因此作物收获输出量较大的地区主要分布在其集中种植区域。包括河南、黑龙江、山东、河北、安徽、江苏、四川、吉林等，其中河南作物收获输出营养元素数量最多，氮输出287.16 万 t，磷输入 90.06 万 t；而天津、青海、上海、北京、西藏等省（区、市）作物输出营养元素较少（图 6-33、图 6-34）。

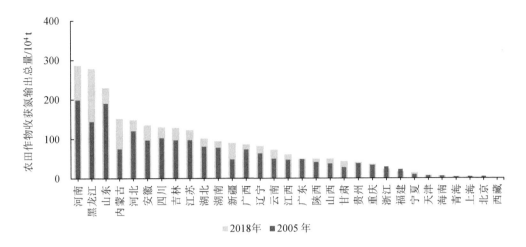

图 6-33　典型年份全国各省区市农田作物收获氮输出量变化

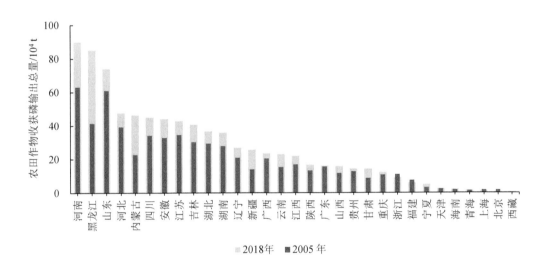

图 6-34　典型年份全国各省区市农田作物收获磷输出量变化

与 2005 年计算结果进行对比可以看出，2005 年我国作物收获氮输出量共计 1 412 万 t，磷输出量共计 458 万 t，仅为 2018 年的 55%。主要原因还是农作物总产量的大幅增长，以水稻、小麦、玉米三大主要粮食作物为例，2018 年其总产量分别是 2005 年的 1.17 倍、1.35 倍和 1.85 倍。从空间分布来看，有 26 个省（区、市）作物收获输出氮量增加，其中黑龙江增加量最大，达到 134 万 t，其次是河南，达到 88 万 t，另外内蒙古、新疆、山东、安徽、吉林等省（区）增加量也超过 30 万 t，仅有浙江、福建、北京、上海、西藏等 5 个省（区、市）出现作物收获输出氮减少情况。对于磷而言情况类似，黑龙江、河南、内蒙古、山东、新疆、安徽等省区增加量较多。

6.4.3　反硝化输出

　　根据反硝化输出量公式得到计算年全国反硝化氮输出量。反硝化主要由两部分组成，分别为化肥反硝化输出量和粪肥反硝化输出量，结果显示 2018 年氮反硝化输出量共计 607.71 万 t，且主要以化肥反硝化输出为主，输出量为 529.62 万 t，所占比例达到 87.15%；而粪肥反硝化氮输出量为 78.09 万 t，所占比例为 12.85%。从地域分布来看，河南（53.8 万 t）、江苏（46.0 万 t）、湖南（39.3 万 t）、湖北（38.1 万 t）、安徽（37.3 万 t）位列反硝化输出氮前 5 位（表 6-9），这 5 个地区 2018 年反硝化输出氮共计 214.51 万 t，占全国总量的 35.19%。与 2005 年计算结果进行对比可以看出，2005 年农田系统反硝化输出氮为 613.09 万 t，与 2018 年相比相差不大。而具体到各个省（区、市），有 14 个省（区、市）农田反硝化输出量增加，其中以新疆（9.1 万 t）、黑龙江（7.3 万 t）、云南（6.1 万 t）、内蒙古（5.8 万 t）增加量较多。反硝化输出量主要受化肥施用量影响，而上述省（区）化肥施用量出现明显增加，因此表现出反硝化输出量增加。同理，江苏、浙江、山东等省由于施肥量减少使得反硝化输出量同步减少。

表 6-9　全国各省（区、市）农田反硝化输出氮量　　　　单位：万 t

省（区、市）	2005 年	2018 年	省（区、市）	2005 年	2018 年
安徽	36.6	37.3	辽宁	17.2	16.6
北京	1.9	0.7	内蒙古	10.4	16.2
福建	19.2	17.4	宁夏	2.6	3.6
甘肃	6.5	6.2	青海	0.9	1.0
广东	34.3	32.8	山东	45.2	35.6
广西	23.4	26.9	山西	8.2	7.4
贵州	12.8	11.3	陕西	14.9	18.6
海南	5.0	5.9	上海	3.1	1.5
河北	30.9	26.2	四川	37.4	33.1
河南	49.4	53.8	天津	2.6	1.4
黑龙江	14.8	22.2	西藏	0.6	0.7
湖北	41.7	38.1	新疆	9.2	18.2
湖南	39.2	39.3	云南	20.0	26.1
吉林	16.8	19.6	浙江	19.1	14.0
江苏	56.0	46.0	重庆	12.8	12.7
江西	20.2	17.7			

6.4.4 挥发输出

根据挥发输出量公式得到计算年全国省级行政区挥发氮输出量。同反硝化作用一样，挥发作用同样由两部分组成，分别为化肥氮挥发和畜禽粪肥氮挥发输出。计算结果显示氮挥发输出量共计 782.26 万 t，与反硝化作用输出量大体相同；且主要以化肥挥发输出为主，输出量为 703.67 万 t，所占比例达到 89.95%。而粪肥挥发输出量为 78.59 万 t，所占比例为 10.05%。从地域分布来看，河南（88.45 万 t）、山东（61.74 万 t）、河北（47.55 万 t）、江苏（43.78 万 t）、湖南（39.34 万 t）位列挥发输出氮量前 5 位（表 6-10），这 5 个省 2018 年挥发输出氮共计 280.86 万 t，占全国总量的 35.90%。

表 6-10 全国各省（区、市）农田挥发输出氮量　　　　　　　　　单位：万 t

省（区、市）	2005 年	2018 年	省（区、市）	2005 年	2018 年
辽宁	24.21	24.15	内蒙古	19.39	30.76
吉林	24.84	30.34	陕西	25.90	33.66
黑龙江	22.26	31.08	甘肃	12.13	11.81
北京	3.14	1.25	青海	1.43	1.63
天津	4.07	2.47	宁夏	4.79	5.66
河北	53.65	47.55	新疆	17.00	35.01
山西	14.88	13.67	重庆	13.48	14.47
山东	77.14	61.74	四川	39.28	37.31
河南	79.55	88.45	贵州	15.57	14.58
上海	2.50	1.25	云南	26.33	35.59
江苏	52.76	43.78	西藏	0.85	0.98
浙江	15.30	11.53	福建	15.12	13.62
安徽	39.36	39.12	广东	29.73	30.11
湖北	41.56	14.25	广西	23.88	29.36
湖南	32.32	39.34	海南	4.99	5.95
江西	16.07	31.81			

6.4.5 径流输出

根据径流输出量公式得到计算年全国省（区、市）径流氮、磷输出量。计算结果显示，全国径流氮输出量为 116.86 万 t，磷流失量为 9.73 万 t。从各作物角度看，水稻贡献度是所有作物中最大的，通过径流作用共输出 42.66 万 t 氮和 3.07 万 t 磷，分别占全部氮和磷径流输出量的 36% 和 32%，其次是蔬菜，共输出 31.01 万 t 氮和 2.59 万 t 磷，占全部氮和磷径流输出量的 27%（图 6-35）。

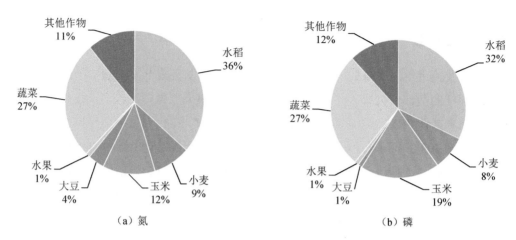

图 6-35　2018 年各作物径流输出数量占比

从地域分布可以看出，湖南（10.70 万 t）、安徽（10.10 万 t）、四川（9.89 万 t）、湖北（9.39 万 t）、江西（7.68 万 t）位列径流输出氮前 5 位，可以看到径流输出量大的均位于南方地区，主要与南方地区选取的径流系数较大有直接关系。这 5 个省份 2018 年径流输出氮共计 49.33 万 t，占全国总量的 42.22%。

与 2005 年计算结果进行对比可以看出，2005 年农田系统径流输出氮为 106.46 万 t，与 2018 年相比减少 10 万 t。主要与 2018 年玉米和蔬菜的种植面积增长有直接关系。通过前文可知，2018 年玉米和蔬菜种植面积分别较 2005 年增长 59% 和 15%。

6.4.6　淋溶输出

根据淋溶输出量公式计算得到全国各省（区、市）淋溶氮输出量。计算结果显示，2018 年全国淋溶氮输出量为 143.52 万 t。从各作物角度看，蔬菜贡献度最大，通过淋溶作用共输出 46.78 万 t 氮，占全部淋溶作用输出氮的 33%，其次是水稻，共输出 40.36 万 t 氮，占全部氮输出量的 28%（图 6-36）。

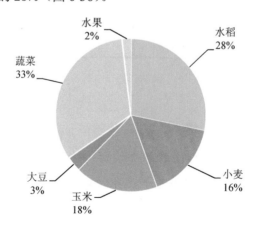

图 6-36　2018 年各作物淋溶输出氮数量占比

从地域分布可以看出，河南（12.38 万 t）、江苏（11.12 万 t）、安徽（11.10 万 t）、湖南（10.32 万 t）、四川（10.05 万 t）位列淋溶输出氮前 5 位（图 6-37）。可以看到，同径流作用相同，淋溶输出量大的位于南方地区，主要与南方地区选取的淋溶系数较大有直接关系。这 5 个省 2018 年径流输出氮量共计 54.98 万 t，占全国总量的 38.31%。

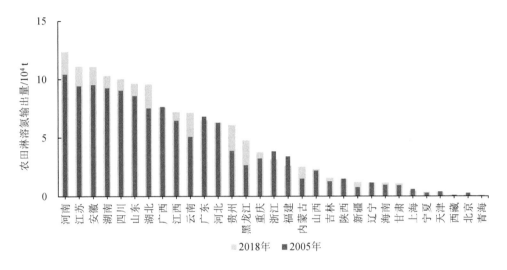

图 6-37　典型年份全国各省（区、市）农田淋溶氮输出量变化

6.5　我国农田营养元素平衡

通过将前文各地农田营养元素输入量及输出量进行代数加和可以计算得到 2018 年我国农田营养元素平衡情况。结果显示，2018 年全国农田生态系统的氮输入总量为 4 285.64 万 t，输出总量为 4 208.26 万 t，盈余量为 77.38 万 t，占总体氮输入量的 1.80%，基本处于平衡状态。对于磷，2018 年全国农田生态系统输入量为 1 857.25 万 t，输出总量为 1 383.70 万 t，净盈余量为 473.55 万 t，可以看出磷呈现明显盈余状态。

从地域分布可以看出，黑龙江（-104.47 万 t）、内蒙古（-48.14 万 t）、吉林（-25.22 万 t）、安徽（-13.34 万 t）以及河南、山东、江苏、江西、甘肃等 9 省（区）呈现氮净亏损状态，其余省（区、市）均为净盈余态，其中陕西（44.56 万 t）、广东（41.12 万 t）、云南（35.57 万 t）、广西（25.04 万 t）等省（区）的盈余量高（表 6-11）。整体来看，呈现出中西部地区盈余量大于东部沿海地区的空间格局，也反映出该地区存在着较为严重的氮浪费现象。从磷的角度看，2018 年全国各省（区、市）除去黑龙江均处于净盈余态，其中河南盈余量达到 99.18 万 t，排名第一，原因主要在于其巨大的化肥施用量，其磷肥和复合肥施用量均占全国总量的 1/7，其次是山东（42.43 万 t）、新疆（40.06 万 t）、陕西（30.65 万 t）。

表 6-11　2018 年各省（区、市）农田营养元素平衡情况

省（区、市）	氮输入量/万 t	氮输出量/万 t	平衡量/万 t	磷输入量/万 t	磷输出量/万 t	平衡量/万 t
辽宁	131.38	126.36	5.03	55.54	43.71	11.83
吉林	156.99	182.21	−25.22	98.71	70.35	28.36
黑龙江	237.69	342.16	−104.47	98.99	114.66	−15.66
北京	6.12	3.81	2.31	2.42	1.33	1.09
天津	12.34	12.22	0.12	6.46	4.51	1.95
河北	240.21	231.84	8.37	107.29	79.74	27.55
山西	74.48	74.17	0.31	45.46	29.38	16.08
山东	334.94	341.65	−6.71	166.04	123.61	42.43
河南	435.63	447.35	−11.72	269.84	170.66	99.18
上海	7.29	6.92	0.36	2.11	1.92	0.18
江苏	226.48	233.51	−7.02	71.26	64.26	7.01
浙江	66.90	55.14	11.76	18.18	14.46	3.72
安徽	220.19	233.53	−13.34	89.88	71.03	18.85
江西	102.29	107.74	−5.45	41.59	34.33	7.26
湖北	219.45	198.23	21.22	87.07	62.88	24.20
湖南	197.76	186.93	10.83	60.59	54.08	6.51
内蒙古	154.17	202.31	−48.14	78.71	70.06	8.65
陕西	148.68	104.12	44.56	67.51	36.86	30.65
甘肃	60.25	62.98	−2.73	29.09	22.87	6.22
青海	9.61	7.19	2.42	3.43	2.68	0.75
宁夏	25.63	24.36	1.27	11.58	8.47	3.11
新疆	162.08	145.34	16.74	93.92	53.86	40.06
重庆	82.94	70.77	12.17	27.23	20.42	6.81
四川	233.26	221.10	12.15	74.87	67.39	7.48
贵州	91.49	78.11	13.38	23.64	21.30	2.34
云南	183.88	148.31	35.57	55.10	39.50	15.60
西藏	6.67	3.22	3.45	2.05	1.10	0.95
福建	76.12	53.01	23.11	31.56	15.44	16.12
广东	166.51	125.39	41.12	56.44	32.97	23.47
广西	182.86	157.82	25.04	69.36	44.16	25.20
海南	31.37	20.46	10.91	11.33	5.73	5.61

通过计算得到 2005 年我国农田生态系统的氮输入总量为 4 173 万 t，输出总量为 3 621 万 t，盈余量为 551.55 万 t，占总体氮输入量的 13.20%，氮呈显著盈余状态。从空间分布来看，全国仅有黑龙江、吉林、内蒙古等 3 省（区）出现氮净亏损状态，剩余 28 个省（区、市）均处于氮净盈余态。可以看出，2018 年相较 2005 年我国农田氮净盈余量出现大幅度减少，减少量为 474 万 t。造成这一现象的原因主要为近年来我国农业生产过程中不断注重肥料特别是氮肥高效化利用，从国家层面开始实行化肥农药总量双减政策，在肥料施

用量基本保持稳定的前提下农作物产量得到大幅度提高，单位产量所施肥料不断降低。

对于磷而言，2005 年我国农田生态系统的磷输入总量为 1 435.51 万 t，输出总量为 1 037.99 万 t，盈余量为 397.52 万 t，可以看出 2018 年与 2005 年相比磷盈余量增加 76 万 t，表明我国农田中磷元素盈余量处在持续增加的状态，主要与近年来复合肥的大规模使用有关，作为磷元素最主要的来源，从前文化肥输入项的结果可以看出，2018 年较 2005 年化肥磷输入项增加 425.52 万 t，复合肥施用量的高速增长是最重要的原因。

根据各省（区、市）农田生态系统土壤中盈余的养分总量和耕地面积，计算得到单位面积耕地盈余态养分负荷空间分布。可以看出东北地区和淮河流域地区耕地氮呈净亏损状态，其中黑龙江土壤氮密度为 –65.93 kg/hm²，其次是内蒙古（–51.93 kg/hm²）和吉林（–36.10 kg/hm²）（表 6-12）。主要原因在于，从养分输入角度来看，第一，东北地区属于黑土地区，土壤本身营养元素较为充沛，相比其他地区无须施加更多肥料，加之东北地区又是我国的重要粮仓，黑龙江、内蒙古、吉林三省（区）的种植面积位居全国第 2、第 5 和第 10，而化肥输入氮则仅位居全国的第 13、第 14 和第 16 位；第二，东北地区是我国最主要的大豆产地，黑龙江、内蒙古、吉林三省（区）大豆种植面积占全国总量的 58%，由于大豆的自身固氮作用使得对于氮肥的需要量大大降低。从养分输出角度看，东北地区是我国的农作物主产区，黑龙江、内蒙古、吉林三省（区）作物收获所输出氮分别居全国第 2、第 4、第 8 位，综合氮输入及输出两方面因素，东北地区为我国农田氮密度净亏损最大的地区。从密度分布结果看，福建、广东、海南、陕西、北京等省（市）较高，均超过 100 kg/hm²，主要原因与这些省（市）的种植结构有关，其特点为经济作物尤其蔬菜水果占比较高，而这些作物普遍在生长过程中需要施加较多肥料，且其籽粒含氮量较低，导致作物输出氮量较少，此消彼长造成许多肥料留存在土壤中，造成其盈余量较大。而淮河流域出现氮盈余为负主要则是农业科技提高导致农作物产量大幅提升，幅度超过化肥增长所导致。

通过与 2005 年结果对比可以看出，2018 年相较于 2005 年我国农田氮盈余有了明显好转，大部分省（区、市）都出现了下降，仅有福建、陕西、广东、广西、海南、新疆、云南等 9 个省（区）出现了增加，可以看出主要分布在西部地区。

表 6-12　典型年份全国各省（区、市）农田营养元素平衡变化

省（区、市）	2005 年				2018 年			
	氮平衡量/万 t	磷平衡量/万 t	氮平衡密度/(kg/hm²)	磷平衡密度/(kg/hm²)	氮平衡量/万 t	磷平衡量/万 t	氮平衡密度/(kg/hm²)	磷平衡密度/(kg/hm²)
辽宁	19.22	5.15	46.04	12.34	5.03	11.83	10.11	23.79
吉林	−10.80	2.59	−19.36	4.64	−25.22	28.36	−36.10	40.59
黑龙江	−17.93	2.13	−15.23	1.81	−104.47	−15.66	−65.93	−9.89
北京	5.11	1.74	148.57	50.70	2.31	1.09	108.03	50.98

省（区、市）	2005 年				2018 年			
	氮平衡量/万 t	磷平衡量/万 t	氮平衡密度/(kg/hm²)	磷平衡密度/(kg/hm²)	氮平衡量/万 t	磷平衡量/万 t	氮平衡密度/(kg/hm²)	磷平衡密度/(kg/hm²)
天津	4.70	2.97	96.74	61.20	0.12	1.95	2.66	44.69
河北	47.03	28.61	68.32	41.57	8.37	27.55	12.83	42.26
山西	13.33	13.08	29.06	28.50	0.31	16.08	0.76	39.65
山东	64.06	53.82	83.32	70.00	−6.71	42.43	−8.84	55.91
河南	45.65	64.79	56.28	79.88	−11.72	99.18	−14.45	122.26
上海	2.73	0.55	86.59	17.55	0.36	0.18	19.01	9.62
江苏	42.82	24.12	84.59	47.66	−7.02	7.01	−15.36	15.32
浙江	15.42	4.27	72.57	20.11	11.76	3.72	59.50	18.81
安徽	25.74	23.93	43.11	40.07	−13.34	18.85	−22.73	32.12
江西	5.62	12.43	18.78	41.52	−5.45	7.26	−17.67	23.52
湖北	38.07	29.18	76.92	58.96	21.22	24.20	40.52	46.21
湖南	21.59	5.93	54.61	15.00	10.83	6.51	26.08	15.69
内蒙古	−7.72	1.42	−9.42	1.73	−48.14	8.65	−51.93	9.33
陕西	39.43	14.80	76.71	28.80	44.56	30.65	111.88	76.94
甘肃	10.22	9.20	20.35	18.31	−2.73	6.22	−5.07	11.57
青海	2.53	0.63	36.73	9.14	2.42	0.75	40.95	12.71
宁夏	3.06	3.32	24.16	26.13	1.27	3.11	9.84	24.10
新疆	3.44	12.97	8.62	32.55	16.74	40.06	31.95	76.46
重庆	5.79	5.76	43.28	43.02	12.17	6.81	51.36	28.75
四川	35.46	13.55	45.28	17.30	12.15	7.48	18.07	11.13
贵州	21.14	0.97	43.12	1.98	13.38	2.34	29.61	5.18
云南	33.51	10.28	52.18	16.00	35.57	15.60	57.25	25.11
西藏	2.10	0.80	58.01	21.98	3.45	0.95	77.78	21.41
福建	16.48	12.60	114.84	87.80	23.11	16.12	172.83	120.56
广东	41.01	14.42	125.32	44.07	41.12	23.47	158.18	90.28
广西	13.64	16.90	30.95	38.35	25.04	25.20	57.07	57.44
海南	9.10	4.59	119.36	60.27	10.91	5.61	150.98	77.66

6.6 本章小结

利用农田氮、磷平衡估算模型，分别对全国农田生态系统 2005 年和 2018 年氮、磷养分平衡结果进行核算，结果显示：

1）2018 年全国农田生态系统的氮输入总量为 4 285.64 万 t，输出总量为 4 208.26 万 t，盈余量为 77.38 万 t，占总体氮输入量的 1.80%，基本处于平衡状态。2005 年我国农田生态系统的氮输入总量为 4 173 万 t，输出总量为 3 621 万 t，盈余量为 551.55 万 t，占总体氮输入量的 13.20%，氮呈显著盈余状态。可以看出与 2005 年相比，2018 年氮盈余量大幅减少，减少量为474.17万t。主要原因为近年来我国农业生产过程中不断注重肥料特别是氮肥高效化利用，从国家层面开始实行化肥农药总量双减政策，在肥料施用量基本保持稳定的前提下农作物产量得到大幅度提高，单位产量所施肥料不断降低。

2）对于磷而言，2018年全国农田生态系统输入量为1 857.25万t，输出总量为1 383.70万t，净盈余量为473.55万t，可以看出磷呈现明显盈余状态。2005年我国农田生态系统的氮输入总量为1 435.51万t，输出总量为1 037.99万t，盈余量为397.52万t，可以看出2018年与2005年相比磷盈余量增加76万t，表明我国农田中磷元素盈余量处在持续增加的状态，主要与近年来复合肥的大规模使用有关。

3）从空间分布来看，2018年在省级尺度上有黑龙江（-104.47万t）、内蒙古（-48.14万t）、吉林省（-25.22万t）、安徽省（-13.34万t）以及河南、山东、江苏、江西、甘肃等9省（区）呈现氮净亏损状态，其余省（区、市）均为氮净盈余状态，其中陕西（44.56万t）、广东（41.12万t）、云南（35.57万t）、广西（25.04万t）等省（区）的盈余量高。整体来看，呈现出中西部地区盈余量大于东部沿海地区的空间格局，也反映出该地区存在着较为严重的氮浪费现象。在2005年全国仅有黑龙江、吉林、内蒙古等3省（区）出现氮净亏损状态，剩余28个省（区、市）均处于氮净盈余状态。可以看出近年来我国在控制氮肥施用方面取得了明显成效。

4）对于磷，2018年全国各省（区、市）除黑龙江外均处于净盈余态，其中河南盈余量达到70.43万t，排名第一，原因主要在于其巨大的化肥施用量，其磷肥和复合肥施用量均占到全国总量的1/7，其次是山东、新疆、陕西。

5）东北地区和淮河流域耕地氮呈净亏损状态。东北地区属于黑土地区，土壤本身营养元素较为充沛，相比其他地区无须施加更多肥料；同时又是全国主要农产品产地，综合输入及输出两方面因素考虑东北地区为我国农田氮密度净亏损最大的地区。而福建、广东、海南、陕西、北京等省（市）农田氮盈余密度较大，主要原因与这些省（区、市）的种植结构有关，其特点为经济作物尤其蔬菜水果占比较高。

参考文献

Huang F，Wang X，Lou L，et al. 2010. Spatial variation and source apportionment of water pollution in Qiantang River（China） using statistical techniques[J]. Water Research，44（5）：0-1572.

Shen Z，Chen L，Ding X，et al. 2013. Long-term variation（1960–2003）and causal factors of non-point-source nitrogen and phosphorus in the upper reach of the Yangtze River[J]. Journal of Hazardous Materials，252-253：45-56.

Zebarth B J，Paul J W，Van K R. 1999. The effect of nitrogen management in agricultural production on water and air quality：evaluation on a regional scale[J]. Agriculture Ecosystems & Environment，72（1）：35-52.

毕于运. 2010. 秸秆资源评价与利用研究[D]. 北京：中国农业科学院.

陈梅. 2014. 农业面源污染风险评估及分级区划研究[D]. 南京：南京大学.

程红光，郝芳华，任希岩，等. 2006. 不同降雨条件下非点源污染氮负荷入河系数研究[J]. 环境科学学报，26（3）：392-397.

程红光，岳勇，杨胜天，等. 2006. 黄河流域非点源污染负荷估算与分析[J]. 环境科学学报，26（3）：384-391.

仇焕广，廖绍攀，井月，等. 2013. 我国畜禽粪便污染的区域差异与发展趋势分析[J]. 环境科学，34（7）：2766-2774.

戴相林. 2012. 关中中西部地区农田土壤养分平衡状况演变研究[D]. 杨凌：西北农林科技大学.

董红艳，刘钦普. 2018. 安徽省农田氮磷化肥施用合理性分析[J]. 我国土壤与肥料，（3）：73-78.

方放，李想，石祖梁，等. 2015. 黄淮海地区农作物秸秆资源分布及利用结构分析[J]. 农业工程学报，31（2）：228-234.

郝芳华，杨胜天，程红光，等. 2006. 大尺度区域非点源污染负荷计算方法[J]. 环境科学学报，26（3）：375-383.

冀宏杰，张怀志，张维理，等. 2015. 我国农田磷养分平衡研究进展[J]. 我国生态农业学报，（1）：1-8.

姜甜甜，高如泰，夏训峰，等. 2009. 北京市农田生态系统氮养分平衡与负荷研究——以密云县和房山区为例[J]. 农业环境科学学报，28（11）：2428-2435.

康智明，张荣霞，叶玉珍，等. 2018. 基于GIS的福建农田氮磷地表径流流失与污染风险评估[J]. 我国生态农业学报，26（12）：129-139.

李书田，金继运. 2011. 我国不同区域农田养分输入、输出与平衡[J]. 我国农业科学，44（20）：4207-4229.

林葆，李家康. 2002. 我国磷肥施用量与氮磷比例问题[J]. 我国农资，（3）：13-16.

美国农业部科学教育管理局，普渡农业试验站. 2011. 降雨侵蚀流失预报——水土保持规划指南[R]. 36-40.

欧阳威，蔡冠清，黄浩波，等. 2014. 小流域农业面源氮污染时空特征及与土壤呼吸硝化关系分析[J]. 环境科学，35（6）：2411-2418.

彭春艳，罗怀良，孔静. 2014. 我国作物秸秆资源量估算与利用状况研究进展[J]. 我国农业资源与区划，（3）：14-20.

邱凉，罗小勇，程红光. 2011. 长江流域大尺度空间非点源污染负荷研究[J]. 人民长江，42（18）：81-84.

孙彬，张楠，崔昌龙，等. 2015. 黑龙江省作物秸秆综合利用现状、存在问题与发展建议[J]. 安徽农业科学，（6）：238-239.

孙波，潘贤章，王德建，等. 2008. 我国不同区域农田养分平衡对土壤肥力时空演变的影响[J]. 地球科学进展，23（11）：1201-1208.

孙铖，周华真，陈磊，等. 2017. 东北三省农田化肥氮地下淋溶污染等级评估[J]. 农业资源与环境学报，35（5）.

王道芸，胡海棠，李存军，等. 2019. 基于GIS的海河流域农田氮磷肥施用环境风险评价[J]. 山西农业科学，（3）：405-412.

王激清，马文奇，江荣风，等. 2007. 我国农田生态系统氮平衡模型的建立及其应用[J]. 农业工程学报，23（8）：210-215.

王谦，冯爱萍，于学谦，等. 2016. DPeRS模型在重点流域面源污染优控单元划分中的应用——以吉林省为例[J]. 环境与可持续发展，41（4）：111-115.

王雪蕾，蔡明勇，钟部卿，等. 2013. 辽河流域非点源污染空间特征遥感解析[J]. 环境科学，34（10）：3788-3796.

王雪蕾，王新新，朱利，等. 2015. 巢湖流域氮磷面源污染与水华空间分布遥感解析[J]. 我国环境科学，（5）：233-241.

杨胜天，程红光，郝芳华，等. 2006. 全国非点源污染分区分级[J]. 环境科学学报，26（3）：398-403.

第7章 我国种植业非点源污染负荷与污染风险评估研究

近几十年来，随着我国人口的迅速膨胀，农业集约化程度高速增长，许多地区的河流、湖泊、近岸海域都出现了严重的富营养化问题，极大地影响了这些地区的水质。许多研究表明在我国很多水体中非点源污染比例已经超过点源污染，成为最为重要的一类污染源，也是威胁水质的主要原因。非点源污染时间上具有随机性及间歇性，机制和过程上具有复杂性，数量上具有不确定性，空间上具有分布广泛性，污染物组成和负荷上具有时空易变性等特点，因此使得其在管理和控制上难度较大。其中，种植业所引起的非点源污染又占据大多数，因此为了实现精准治污、科学治污，有必要对种植业非点源污染负荷和风险进行量化，并以此为参考制定出行之有效的管理政策。

本章基于 2015 年我国各省、市、县种植业相关统计数据和空间数据构建二元结构模型，计算不同尺度下溶解态和吸附态种植业非点源污染负荷情况，以此为基础进行污染风险评估，并从空间分布角度开展细致分析。

7.1 2015 年我国农田生态系统氮、磷平衡

7.1.1 输入项

根据前面各章节介绍的农田生态系统氮、磷平衡方程，从省（自治区、直辖市）、市（州）、县（市）等 3 个尺度上出发汇算了农田氮、磷各输入来源的输入量。汇总得到 2015 年我国种植业氮输入量共计 4 639.50 万 t，磷输入量 3 839.80 万 t。农田氮的主要输入来源为化肥氮的输入，达到 2 927.57 万 t，占全部氮输入量的 63.10%；其次是有机肥（包含秸秆、饼肥、畜禽粪肥），达到 996.27 万 t，占比约为 21.47%；排在第三位的来源为生物固氮，占比约为 8.91%。磷的化肥输入量为 1 739.36 万 t，占全部输入量的 90.6%；其次为有机肥，占 8.85%（图 7-1）。

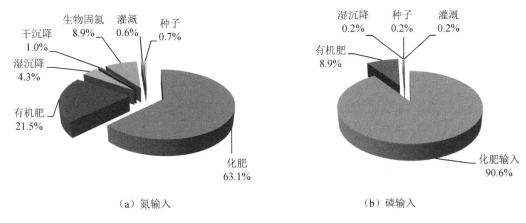

图 7-1　2015 年农田生态系统氮、磷各输入项占比

　　从地域分布来看，我国共有 9 个省份农田生态系统氮输入量超过 200 万 t，主要分布在河南、山东、河北、湖北、江苏、四川、安徽、黑龙江、湖南等省，其中河南省输入量最大，达到 462.57 万 t，其次是山东省，达到 357.20 万 t；而海南、宁夏、天津、上海、青海、北京、西藏等省（区、市）输入量不足 50 万 t，其中西藏最少，仅为 8.59 万 t（表 7-1）。对于磷来讲，输入量超过 100 万 t 的省（区、市）主要有河南、山东、河北、黑龙江、湖北等，其中河南输入量依旧最大，达到 270.57 万 t，其次是山东的 175.69 万 t；西藏输入量最少，仅为 2.66 万 t（表 7-2）。

表 7-1　2015 年我国各省（区、市）农田生态系统氮输入量　　单位：万 t

省（区、市）	化肥	秸秆	饼肥	畜禽粪肥	湿沉降	干沉降	生物固氮	灌溉	种子	总计
辽宁	79.877	2.030	0.413	36.151	6.252	1.703	13.714	0.635	0.645	141.418
吉林	106.020	4.952	0.562	36.832	7.076	2.094	15.331	0.556	0.626	174.049
黑龙江	105.956	6.177	3.712	37.283	29.013	1.948	46.832	2.146	1.785	234.852
北京	6.065	0.501	0.009	3.094	0.213	0.076	0.727	0.056	0.018	10.758
天津	11.701	0.457	0.086	3.750	0.421	0.247	1.168	0.133	0.071	18.036
河北	175.686	23.993	1.983	41.038	5.958	3.257	18.297	1.712	1.935	273.860
山西	50.484	5.985	0.252	10.992	4.201	0.671	10.406	0.674	0.559	84.225
山东	214.547	33.126	3.343	63.607	10.054	5.822	21.418	2.111	3.169	357.197
河南	320.420	32.165	5.087	56.344	7.725	7.135	27.036	2.113	4.547	462.573
上海	5.976	0.365	0.031	5.401	0.414	0.152	1.107	0.113	0.039	13.596
江苏	184.703	7.370	3.533	15.021	9.013	3.547	18.180	2.270	1.643	245.280
浙江	51.680	3.169	0.901	11.678	3.995	0.609	7.814	0.809	0.286	80.941
安徽	156.537	9.388	5.298	22.829	12.304	3.021	25.534	2.082	2.199	239.191
湖北	165.104	7.661	7.652	37.575	12.717	2.395	17.833	1.466	1.374	253.776
湖南	120.750	11.711	5.936	32.265	9.940	1.339	16.996	1.577	1.004	201.517
江西	59.039	7.349	2.574	19.037	8.366	0.618	13.409	1.063	0.864	112.319
内蒙古	115.468	4.453	2.350	10.265	5.146	0.370	21.188	1.156	0.912	161.307

省（区、市）	化肥	秸秆	饼肥	畜禽粪肥	湿沉降	干沉降	生物固氮	灌溉	种子	总计
陕西	118.845	3.593	1.338	13.015	5.769	1.160	12.719	0.481	0.816	157.736
甘肃	47.694	1.486	1.171	5.616	2.881	0.249	10.417	0.548	0.744	70.805
青海	5.151	0.010	0.742	3.239	0.280	0.003	1.232	0.084	0.081	10.822
宁夏	21.319	0.499	0.043	1.314	0.707	0.170	3.478	0.230	0.161	27.920
新疆	119.905	3.735	10.765	7.257	1.007	0.166	12.082	2.264	0.991	158.170
重庆	55.010	6.345	1.386	8.347	6.098	0.787	8.411	0.253	0.585	87.222
四川	136.589	16.381	6.670	37.156	11.497	1.037	27.642	1.307	1.879	240.159
贵州	59.267	3.937	2.361	25.365	8.408	0.887	10.754	0.538	0.776	112.293
云南	127.417	8.963	1.689	28.947	6.587	1.225	13.990	0.931	0.849	190.597
西藏	2.652	0.002	0.157	4.720	0.184	0.001	0.718	0.133	0.018	8.586
福建	56.024	1.670	0.327	16.426	2.425	0.487	6.372	0.540	0.398	84.670
广东	123.637	8.585	0.650	40.762	6.759	1.377	12.996	0.989	0.960	196.716
广西	102.044	26.741	0.466	29.054	10.037	1.176	13.527	0.838	0.778	184.661
海南	22.003	1.187	0.056	16.364	1.622	0.749	2.030	0.119	0.129	44.256

表 7-2　2015 年我国各省（区、市）农田生态系统磷输入量　　　单位：万 t

省（区、市）	化肥输入	秸秆	饼肥	畜禽粪肥	湿沉降	灌溉	种子	输入总量
辽宁	47.517	0.312	0.031	5.439	0.159	0.068	0.033	53.558
吉林	88.713	0.775	0.043	4.987	0.224	0.059	0.040	94.840
黑龙江	94.505	0.909	0.246	5.629	0.507	0.228	0.135	102.160
北京	2.752	0.078	0.001	0.687	0.007	0.006	0.003	3.533
天津	6.460	0.068	0.010	0.825	0.014	0.014	0.013	7.404
河北	98.606	3.387	0.212	8.524	0.209	0.182	0.282	111.403
山西	43.532	0.909	0.021	2.270	0.130	0.072	0.092	47.026
山东	154.124	4.550	0.338	15.768	0.244	0.225	0.442	175.691
河南	254.513	4.315	0.571	10.067	0.259	0.225	0.624	270.574
上海	1.934	0.051	0.004	0.817	0.006	0.009	0.005	2.826
江苏	72.185	1.015	0.482	5.354	0.146	0.189	0.236	79.608
浙江	17.746	0.434	0.117	2.373	0.063	0.067	0.019	20.820
安徽	87.447	1.271	0.665	6.385	0.188	0.173	0.295	96.424
湖北	91.596	1.087	1.105	6.374	0.168	0.122	0.146	100.599
湖南	50.156	1.678	0.868	5.618	0.133	0.131	0.034	58.619
江西	40.145	1.024	0.350	4.672	0.099	0.089	0.023	46.401
内蒙古	72.950	0.667	0.263	1.178	0.296	0.123	0.122	75.600
陕西	63.823	0.518	0.188	1.749	0.128	0.051	0.134	66.591
甘肃	32.248	0.211	0.159	0.804	0.172	0.058	0.116	33.769
青海	3.637	0.001	0.113	0.362	0.019	0.009	0.013	4.155
宁夏	11.815	0.075	0.004	0.180	0.041	0.024	0.021	12.161
新疆	87.268	0.481	1.349	0.933	0.166	0.241	0.158	90.594
重庆	25.024	0.869	0.192	1.477	0.078	0.021	0.046	27.707
四川	65.995	2.294	0.955	5.700	0.215	0.109	0.193	75.461
贵州	21.197	0.545	0.347	4.805	0.145	0.045	0.076	27.160

省（区、市）	化肥输入	秸秆	饼肥	畜禽粪肥	湿沉降	灌溉	种子	输入总量
云南	51.465	1.208	0.232	3.993	0.199	0.078	0.087	57.261
西藏	1.900	0.000	0.024	0.705	0.014	0.011	0.004	2.658
福建	27.918	0.217	0.027	4.465	0.043	0.045	0.017	32.732
广东	49.189	1.114	0.051	7.199	0.084	0.082	0.031	57.751
广西	61.530	3.481	0.041	5.215	0.141	0.070	0.028	70.504
海南	11.475	0.153	0.004	2.644	0.023	0.010	0.004	14.313

将各地区农田生态系统氮肥输入量除以对应农田面积可以得到对应输入密度，从图 7-2 中可以看出，2015 年我国单位面积农田生态系统氮输入量为 310.71 kg/hm²，我国共有 15 个省份农田生态系统氮输入密度大于平均值，其中河南输入密度最大，达到 555.54 kg/hm²，其次是广东（506.06 kg/hm²）、江苏（503.03 kg/hm²）、湖北（442.28 kg/hm²）、山东（428.69 kg/hm²）等，高值区主要分布在长江中下游地区及华北地区；而输入密度较小区域主要分布在东北及西部地区，其中甘肃最小，仅为 125.72 kg/hm²。农田化肥磷输入情况与氮相类似，全国单位面积农田生态系统磷输入量为 128.57 kg/hm²，其中河南最高，达到 324.56 kg/hm²，其次是山东（210.86 kg/hm²）、湖北（175.32 kg/hm²）、江苏（163.26 kg/hm²）、新疆（155.88 kg/hm²）等；而西藏输入密度最小，仅为 59.78 kg/hm²（图 7-3）。

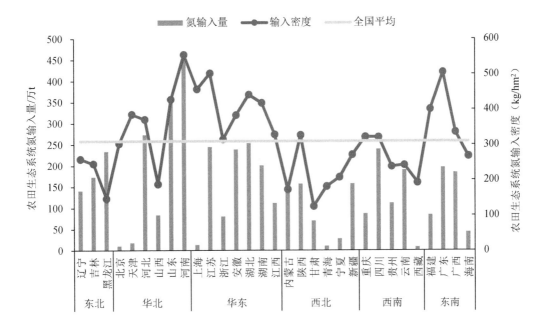

图 7-2　2015 年省级单元农田生态系统氮输入量及密度

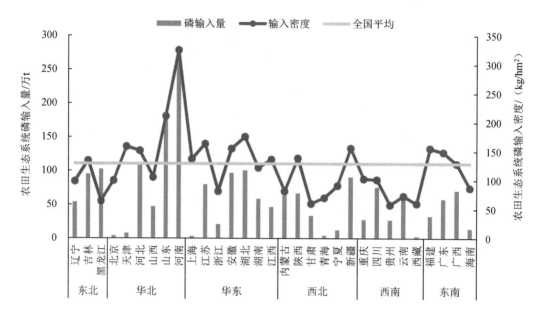

图 7-3　2015 年省级单元农田生态系统磷输入量及密度

7.1.2　输出项

通过汇总农田生态系统氮、磷各输出项计算结果，得到 2015 年我国种植业氮输出量共计 3 844.46 万 t，磷输出量 1 180.91 万 t。农田生态系统氮的主要输出来源为作物收获，达到 2 469.47 万 t，约占全部输出量的 64.2%，挥发作用和反硝化作用所产生的输出量较为接近，分别占全部输出量的 12.3% 和 12.2%；对于磷来讲，在各输出项中，作物收获占到了全部的 80%（图 7-4）。

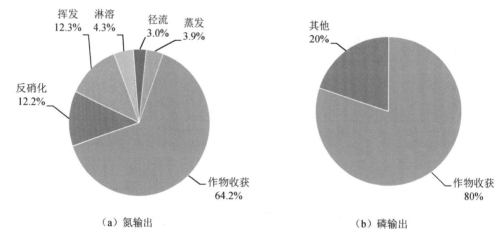

（a）氮输出　　　　　　　　　　（b）磷输出

图 7-4　2015 年农田生态系统氮、磷各输出项占比

从地域分布来看，我国共有 6 个省份农田生态系统氮输出量超过 200 万 t，主要分布在河南、山东、黑龙江、河北、安徽、江苏等省，其中河南输出量最大，达到 388.26 万 t；其次是山东，达到 311.69 万 t；而宁夏、海南、天津、上海、青海、北京、西藏等省（区、市）输出量不足 50 万 t，其中西藏最少，仅为 3.56 万 t（表 7-3）。对于磷来讲，河南（137.61万 t）、山东（106.02 万 t）、黑龙江（91.36 万 t）、河北（72.09 万 t）、安徽（63.27 万 t）位列磷输出量前 5 位，这 5 个省输出量共计 470.35 万 t，占我国输出总量的 39.82%；而天津（4.14 万 t）、青海（2.56 万 t）、上海（2.04 万 t）、北京（1.76 万 t）、西藏（1.04万 t）位列后 5 位。

表 7-3　2015 年我国各省（区、市）农田生态系统氮输出量　　　　　　单位：万 t

省（区、市）	作物收获	反硝化	挥发	淋溶	径流	蒸发	总计
辽宁	77.980	13.855	15.532	1.375	1.600	4.005	114.346
吉林	128.343	16.957	19.161	1.545	1.882	5.301	173.188
黑龙江	233.183	17.532	19.054	4.130	4.640	12.031	290.569
北京	2.987	1.026	1.246	0.163	0.078	0.164	5.664
天津	7.814	1.775	2.090	0.428	0.190	0.459	12.756
河北	150.894	23.716	29.687	7.642	3.139	8.194	223.272
山西	47.658	6.482	8.495	2.723	1.042	3.066	69.465
山东	217.576	30.085	38.197	10.620	4.313	10.896	311.687
河南	262.803	41.646	51.500	13.231	5.301	13.776	388.256
上海	4.006	1.833	1.379	0.548	0.419	0.279	8.464
江苏	125.268	31.901	24.368	11.638	9.165	7.333	209.672
浙江	27.974	11.111	7.426	3.718	3.001	2.078	55.308
安徽	136.197	27.112	22.336	12.145	9.864	8.587	216.242
湖北	103.997	30.650	25.223	11.323	8.799	7.411	187.403
湖南	100.504	25.040	18.468	12.877	11.060	7.936	175.885
江西	63.528	12.662	9.455	8.023	7.435	5.105	106.208
内蒙古	122.180	12.996	17.466	2.633	0.339	6.329	161.943
陕西	49.531	14.977	17.910	1.735	0.523	3.695	88.370
甘肃	45.824	5.513	7.403	1.535	0.494	3.374	64.143
青海	4.540	0.936	1.142	0.164	0.045	0.399	7.226
宁夏	14.992	2.866	2.986	0.438	0.180	0.921	22.384
新疆	85.979	13.021	17.704	2.031	0.442	5.000	124.178
重庆	38.163	8.235	8.292	5.066	3.778	3.123	66.657
四川	122.272	23.374	22.487	12.997	9.840	8.728	199.697
贵州	41.876	10.959	11.074	6.944	4.999	4.398	80.250
云南	71.237	19.747	20.629	8.492	6.342	5.572	132.019
西藏	1.362	0.890	0.982	0.143	0.092	0.090	3.557
福建	24.168	11.542	8.837	3.955	3.100	2.086	53.689
广东	57.099	25.038	20.396	8.115	6.492	4.447	121.587
广西	91.220	18.966	16.568	9.135	7.260	5.553	148.702
海南	8.312	5.095	4.978	1.418	1.112	0.755	21.669

将各地区农田生态系统营养元素输出量除以对应农田面积可以得到对应输出密度。2015 年我国单位面积农田生态系统氮输出量为 257.46 kg/hm²，我国共有 13 个省份农田生态系统氮输出密度大于平均值，其中河南输出密度最大，达到 466.28 kg/hm²，其次是江苏（430.01 kg/hm²）、山东（374.08 kg/hm²）、湖南（365.32 kg/hm²）、安徽（347.43 kg/hm²）等，高值区主要分布在长江中下游地区及华北地区；而输出密度较小区域主要分布在东北及西部地区，其中西藏最小，仅为 80.01 kg/hm²。农田生态系统化肥磷输出情况与氮相类似，我国单位面积农田生态系统磷输出量为 128.57 kg/hm²，其中河南最高，达到 165.26 kg/hm²，其次是山东（127.24 kg/hm²）、江苏（120.67 kg/hm²）、安徽（101.65 kg/hm²）、湖南（99.45 kg/hm²）等；而西藏输出密度最小，仅为 23.49 kg/hm²。

7.1.3 平衡项

通过将各地农田生态系统营养元素输入量及输出量进行代数加和可以得到 2015 年中国农田营养元素平衡情况。2015 年我国农田生态系统的氮输入总量为 4 639.51 万 t，输出总量为 3 844.46 万 t，氮呈盈余状态，盈余量为 795.05 万 t，占总体氮输入量的 17.13%。对于磷而言，2015 年我国农田生态系统输入量为 1 919.90 万 t，输出总量为 1 180.91 万 t，净盈余量为 738.99 万 t（表 7-4）。

从地域分布可以看出在省级尺度上仅有黑龙江（-55.71 万 t）、内蒙古（-0.64 万 t）呈现氮净亏损状态，其余省（区、市）均为净盈余态，其中广东（75.13 万 t）、河南（74.32 万 t）、陕西（69.37 万 t）、湖北（66.37 万 t）等省的盈余量较高（表 7-4）。整体来看，呈现中东部地区盈余量大于西部地区的空间格局，其中华东地区达到 171.92 万 t，其次为华中地区（166.32 万 t）和西南地区（156.57 万 t），反映出该地区存在着较为严重的氮浪费现象。从磷的角度看，2015 年我国各省份均处于净盈余态，其中河南盈余量达到 132.97 万 t 排名第一，原因主要在于其巨大的化肥施用量，其磷肥和复合肥施用量均占到我国总量的 1/7，其次是山东（69.7 万 t）、新疆（47.0 万 t）、河北（39.3 万 t）（表 7-4）。

表 7-4　2015 年各省（区、市）农田生态系统氮、磷输入输出情况　　　　　　单位：万 t

省（区、市）	氮输入量	氮输出量	平衡量	磷输入量	磷输出量	平衡量
辽宁	141.42	114.35	27.07	53.56	36.68	16.88
吉林	174.05	173.19	0.86	94.84	59.69	35.15
黑龙江	234.85	290.57	-55.72	102.16	91.36	10.80
北京	10.76	5.66	5.09	3.53	1.76	1.77
天津	18.04	12.76	5.28	7.40	4.14	3.27
河北	273.86	223.27	50.59	111.40	72.09	39.31
山西	84.22	69.46	14.76	47.03	24.77	22.26
山东	357.20	311.69	45.51	175.69	106.02	69.67
河南	462.57	388.26	74.32	270.57	137.61	132.97

省（区、市）	氮输入量	氮输出量	平衡量	磷输入量	磷输出量	平衡量
上海	13.60	8.46	5.13	2.83	2.04	0.78
江苏	245.28	209.67	35.61	79.61	58.84	20.77
浙江	80.94	55.31	25.63	20.82	14.09	6.73
安徽	239.19	216.24	22.95	96.42	63.27	33.15
湖北	253.78	187.40	66.37	100.60	56.99	43.61
湖南	201.52	175.89	25.63	58.62	47.88	10.74
江西	112.32	106.21	6.11	46.40	30.55	15.85
内蒙古	161.31	161.94	−0.64	75.60	53.17	22.43
陕西	157.74	88.37	69.37	66.59	30.00	36.59
甘肃	70.81	64.14	6.66	33.77	21.67	12.10
青海	10.82	7.23	3.60	4.15	2.56	1.60
宁夏	27.92	22.38	5.54	12.16	7.57	4.59
新疆	158.17	124.18	33.99	90.59	43.63	46.96
重庆	87.22	66.66	20.56	27.71	17.94	9.77
四川	240.16	199.70	40.46	75.46	56.09	19.37
贵州	112.29	80.25	32.04	27.16	19.41	7.75
云南	190.60	132.02	58.58	57.26	33.15	24.11
西藏	8.59	3.56	5.03	2.66	1.04	1.61
福建	84.67	53.69	30.98	32.73	14.52	18.21
广东	196.72	121.59	75.13	57.75	28.93	28.82
广西	184.66	148.70	35.96	70.50	37.88	32.62
海南	44.26	21.67	22.59	14.31	5.54	8.78

从地级市氮、磷平衡结果来看，338 个地级市中有 273 个地级市氮出现盈余状态，另有 65 个地级市为氮净亏损状态；而对于磷来讲，338 个地级市中有 311 个呈现盈余态，仅有 27 个为亏损态。而亏损区主要分布在东北地区，与东北地区土质肥沃、营养元素含量丰富、外部肥料施加量较少有直接关系。

根据各省（区、市）农田生态系统土壤中盈余的养分总量和耕地面积，计算得到单位面积耕地盈余态养分负荷空间分布。结果显示我国农田平均氮盈余负荷为 53.2 kg/hm²，其中广东最高，达到 193.2 kg/hm²，其次是福建（146.8 kg/hm²）和陕西（144.0 kg/hm²），而黑龙江（−35.0 kg/hm²）和内蒙古（−0.7 kg/hm²）氮处在赤字状况，故面临土壤肥力下降的风险（图 7-5）。当农田氮超过需求量的 20%，磷超过需求量的 150% 时就会有潜在的环境威胁。中国农业非点源污染控制工作组（2004）所划定的标准为高于 100 kg/hm² 为中度风险，高于 180 kg/hm² 为高度风险。荷兰基于农场尺度确定了氮盈余标准：对于草地，干沙土氮盈余量标准为 140 kg/hm²，其他土壤为 180 kg/hm²；对于农田，干沙土氮盈余量标准为 60 kg/hm²，其他土壤为 100 kg/hm²。

综合上述分析，根据单位耕地面积农田氮盈余量的大小，可将氮平衡划分为三个风险等级：低风险（低于 60 kg/hm²）、中风险（60～100 kg/hm²）和高风险（高于 100 kg/hm²）。

我国共有 8 个省份处在高风险等级，主要分布在东南部及中部地区，另有 8 个省份处在中风险区即潜在风险区，分别为河南、河北、江苏、浙江、重庆、贵州、广西、云南（表 7-5）。对于处在高风险及中风险的省份，应充分考虑区域特征，实施有针对性的管理措施（如提高化肥实用技术、合理利用有机肥、加大灌溉设施投入力度等），进而改善由此所可能引起的硝酸盐氮污染。

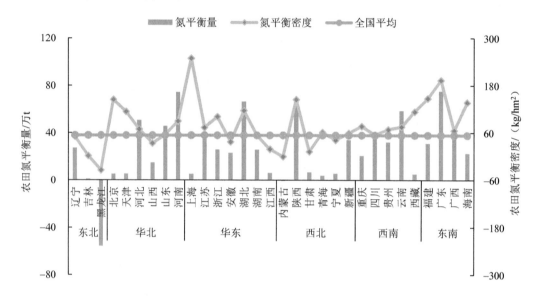

图 7-5　2015 年我国各省（区、市）盈余态氮养分负荷

表 7-5　2015 年我国省级尺度农田氮平衡风险等级划分

风险等级	氮平衡量范围/（kg/hm²）	个数	百分比/%	省（区、市）
低风险	<60	15	48.4	黑龙江、吉林、辽宁、内蒙古、山东、陕西、安徽、江西、湖南、宁夏、甘肃、青海、四川、西藏、新疆
中风险	60~100	8	25.8	河南、河北、江苏、浙江、重庆、贵州、广西、云南
高风险	>100	8	25.8	广东、海南、福建、湖北、陕西、上海、北京、天津

从地级市层级考虑，338 个统计城市中有 105 个地级市氮盈余负荷超过 100 kg/hm²，平均盈余负荷达到 212.7 kg/hm²，按照风险等级划分处于高风险区，占比约为 31.07%；64 个地级市处在中风险区，占比约为 18.93%；169 个地级市氮盈余风险较低，占我国统计市级单位比例为 50.00%。

从县级尺度考虑，在 2 151 个计算单元中共计有 614 个县级单元盈余负荷超过 100 kg/hm²，平均盈余负荷达到 254.9 kg/hm²，按照风险等级划分处于高风险区，占比约为 28.55%；另有 278 个县级单元处在中风险区，占比约为 12.92%；1 259 个县级单元氮盈余风险较低，占比约为 58.53%。

对于磷而言，我国平均盈余负荷为 49.5 kg/hm²，全部省（区、市）均呈现出盈余态，中东部地区盈余负荷明显大于西部地区。其中，河南盈余负荷最大，达到 159.7 kg/hm²，其次是福建（86.3 kg/hm²）和山东（83.6 kg/hm²）（图 7-6）。

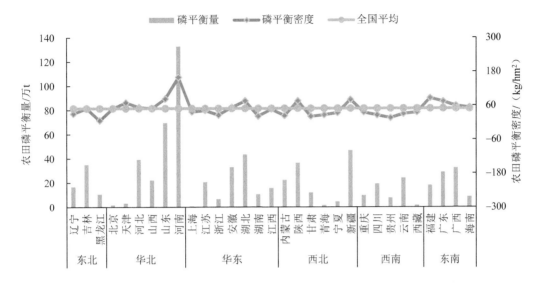

图 7-6　2015 年我国各省盈余态磷养分负荷

对于磷养分盈余的标准的研究主要在国外有所涉及，其中较为明确的指示标准为荷兰基于农场尺度建立的 MINAS 系统（mineral accounting system）中提出的，即不分土壤类型和土地利用类型，磷盈余标准统一划定为 20 kg P_2O_5/hm²（约合 8.7 kgP/hm²）（Oenema, et al, 2003）。本研究确定的磷风险等级标准为：低风险（<30 kgP/hm²）、中风险（30～50 kgP/hm²）、高风险（>50 kgP/hm²）。从表 7-6 可以看出按照评价标准共有 13 个省份处在高风险等级，地域分布与氮相同，主要分布在东南部及中部地区，其中河南磷平衡量最大。另有 10 个省（区、市）处在中风险区即潜在风险区，分别为山西、吉林、江西、江苏、上海、西藏、重庆、宁夏、辽宁、云南。根据磷盈余形势发展，将对我国地表及地下水源带来重大影响，需根据磷盈余的类型分区域予以精准施策，实施有针对性的管理措施。

表 7-6　2015 年我国省级尺度农田磷平衡风险等级划分

风险等级	氮平衡量范围/ （kg/hm²）	个数	百分比/ %	省（区、市）
低风险	<30	8	25.8	青海、浙江、四川、内蒙古、湖南、甘肃、贵州、黑龙江
中风险	30～50	10	32.2	山西、吉林、江西、江苏、上海、西藏、重庆、宁夏、辽宁、云南
高风险	>50	13	41.9	河南、福建、山东、新疆、湖北、陕西、广东、天津、广西、河北、海南、安徽、北京

从地级市层级考虑，338 个统计城市中按照风险等级划分共有 245 个地级市处于高风险，占我国统计市级单位的 72.5%；31 个地级市处在中风险区，占我国统计市级单位的 9.17%；61 个地级市氮盈余风险较低，占我国统计市级单位的 18%。

从县级尺度考虑，在 2 151 个计算单元中按照风险等级划分共有 1 244 个处于高风险，占比约为 57.83%；170 个处在中风险区，占比约为 7.90%；737 个磷盈余风险较低，占比约为 30.50%。

7.2   农田溶解态氮、磷污染负荷空间分布

模型估算结果表明，2015 年我国农田溶解态氮产污负荷平均值为 0.826 t/km²，年产出溶解态氮量共计 144.68 万 t。从各省（区、市）溶解态氮产生量排序情况来看，云南产生量最大，达到 28.70 万 t；其次是四川的 18.24 万 t，贵州产生量为 12.71 万 t，排名第三，其余省（区、市）均未超过 10 万 t；溶解态氮产生量在 5 万～10 万 t 的省（区、市）有广东（9.39 万 t）、广西（8.17 万 t）、福建（8.13 万 t）、陕西（7.41 万 t）、重庆（6.54 万 t）、安徽（6.14 万 t）、江西（5.69 万 t）、湖南（5.67 万 t）、湖北（5.61 万 t）；剩余 19 个省（区、市）产生量均小于 1 万 t（图 7-7）。

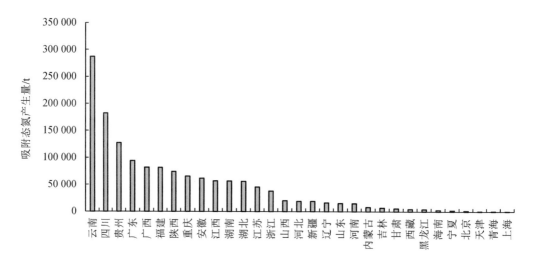

图 7-7   2015 年我国各省（区、市）溶解态氮产生量

从产生负荷的角度来看，云南单位面积农田溶解态氮产生量最大，达到 4.23 t/km²，其次是福建（3.96 t/km²）；另外还有 2 个省超过 2 t/km²，分别为贵州（2.61 t/km²）和广东（2.24 t/km²）。此外重庆、广西、浙江、四川、江西、陕西等省（区、市）产生负荷较大，均超过了 1 t/km²（图 7-8）。空间分布规律与产生量相同，高值区同样集中在长江以南地区，而北方地区普遍低于 0.3 t/km²。

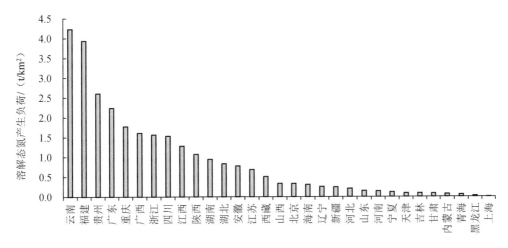

图 7-8　2015 年我国各省（区、市）溶解态氮产生负荷

2015 年我国农田溶解态磷产污负荷平均值为 0.168 t/km²，年产出溶解态磷量共计29.66 万 t。从各省（区、市）溶解态磷产生量排序情况来看，同溶解态氮相同，云南产生量依旧最大，达到 6.51 万 t；其次是四川的 3.32 万 t，贵州产生量为 2.14 万 t，排名第三，其余省（区、市）均未超过 2 万 t；溶解态氮产生量在 1 万～2 万 t 的省（区）有广东（1.65 万 t）、福建（1.59 万 t）、广西（1.53 万 t）、陕西（1.45 万 t）、湖南（1.29 万 t）、江西（1.16 万 t）、湖北（1.11 万 t）；剩余 21 个省（区、市）产生量均小于 1 万 t（图 7-9）。

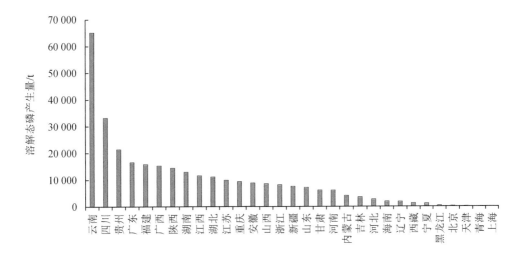

图 7-9　2015 年我国各省（区、市）溶解态磷产生量

从产生负荷的角度来看，云南单位面积农田溶解态磷产生量最大，达到 0.96 t/km²，其次是福建（0.76 t/km²）；另外还有贵州、广东、浙江、广西、四川、江西、重庆等省（区、市）产生负荷较大，均超过了 0.25 t/km²（图 7-10）。

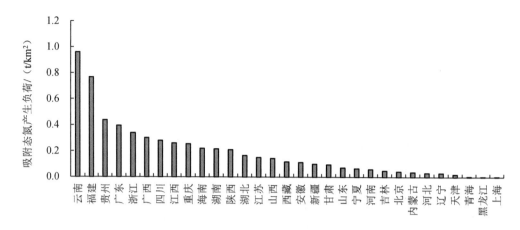

图 7-10   2015 年我国各省（区、市）溶解态磷产生负荷

从地域分布中可以看出：

1）东北地区产生负荷较小，主要是由于东北地区氮、磷源强较低，尤其是黑龙江很多市县均为负值，因此无溶解态氮、磷产生。

2）华北平原虽然从之前的源强计算中得出其源强水平较高，但是降雨量稀少，地表径流缺失，导致污染物无法随径流进行迁移，因此表现的产生负荷也较低。

3）高值区主要分布在四川盆地东部（三峡库区及其上游）、华南及西南地区。这些地区主要表现在源强值较大、降水充沛，易形成地表径流。

4）溶解态产生负荷主要呈现出自南向北依此递减的趋势。

通过对 12 个计算时段负荷量进行统计分析，求得溶解态氮、磷产生负荷值的年内分布。从图 7-11 可以看出，对于氮来讲产生量较大的时段与降水量较大的时段高度重合，主要集中在 4—9 月，占全年总产生量的 72.79%；而对于磷来讲，产生量的分布与总氮相比相对均衡，6—9 月产生量较其他月份偏高（图 7-12）。

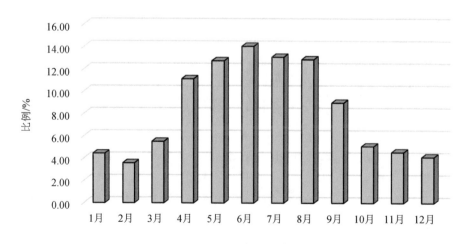

图 7-11   2015 年溶解态氮产生量年内分布

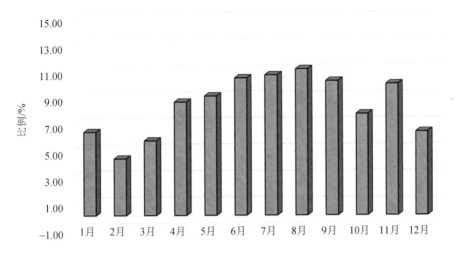

图 7-12　2015 年溶解态磷产生量分布

从我国十大流域溶解态氮、磷产生量结果可以看出，长江流域由于流域面积广大加之区域内农田营养元素输入量大使得其占比最大，分别占溶解态氮产生量的 43.23%（图 7-13）和溶解态磷产生量的 34.08%（图 7-14）；其次是西南诸河流域，占溶解态氮产生量的 24.08% 和溶解态磷产生量的 21.74%，之后是珠江流域和东南诸河流域；而剩余流域占比较少。可以看出，产生量大的区域主要分布在我国南方地区，这也与南方地区降雨量大、河网密集有直接联系（表 7-7）。

表 7-7　2015 年十大流域农田溶解态氮、磷产生量

流域	溶解态氮		溶解态磷	
	总量/t	负荷/（t/km²）	总量/t	负荷/（t/km²）
东南诸河	103 322	2.24	25 128	0.54
海河	28 293	0.19	6 038	0.04
淮河	35 330	0.16	30 958	0.14
黄河	84 699	0.41	26 839	0.13
辽河	19 215	0.16	3 788	0.03
松花江	9 797	0.04	4 951	0.02
西北诸河	24 786	0.21	10 306	0.09
西南诸河	341 667	8.57	64 352	1.61
长江	613 422	1.27	100 866	0.21
珠江	158 394	1.21	22 764	0.17

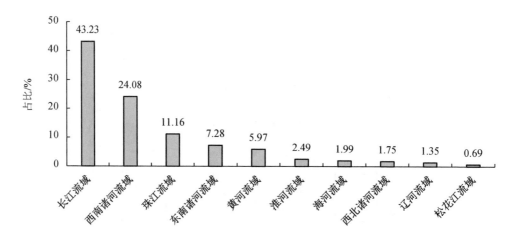

图 7-13　2015 年十大流域农田溶解态氮占比

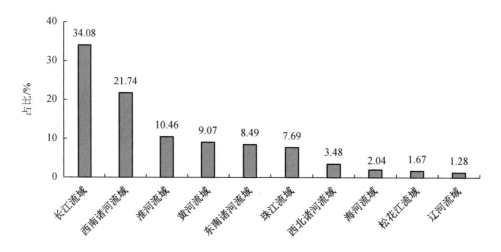

图 7-14　2015 年十大流域农田溶解态磷占比

7.3　农田吸附态氮、磷污染负荷空间分布

模型计算结果表明，2015 年我国农田吸附态氮产生量为 43.22 万 t，平均产污负荷为 0.245 t/km²。从各省份吸附态氮产生量排序情况来看（图 7-15），四川产生量最大，达到 7.03 万 t；其次是云南的 5.31 万 t，这两个省（区、市）也是我国仅有的超过 5 万 t 的省份；贵州产生量为 3.01 万 t 排名第三；吸附态氮产生量在 2 万~3 万 t 的省（市）有重庆（2.61 万 t）、福建（2.38 万 t）、陕西（2.34 万 t）、湖南（2.14 万 t）；产生量在 1 万~2 万 t 的省（区）有 9 个，包括江西、广西、广东、甘肃、浙江、湖北、江苏、河南、安徽，剩余 15 个省（区、市）则产生量均小于 1 万 t（图 7-15）。总体而言，长江以南地区的吸

附态氮产生量要远大于北方地区。

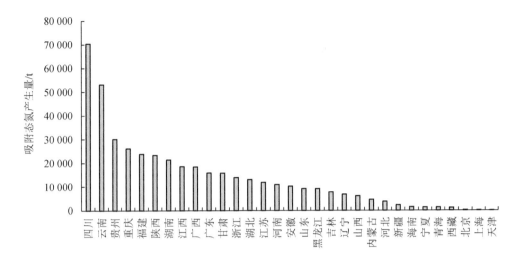

图 7-15 2015 年我国各省份吸附态氮产生量

从产生负荷的角度来看，福建单位面积农田吸附态氮产生量最大，达到 1.152 t/km²，其次是云南（0.783 t/km²）和重庆（0.708 t/km²）；另外还有 3 个省超过 0.5 t/km²，分别为贵州（0.617 t/km²）、四川（0.592 t/km²）和浙江（0.578 t/km²）（图 7-16）。分布规律与产生量相同，高值区同样集中在长江以南地区，而北方地区普遍低于 0.1 t/km²。

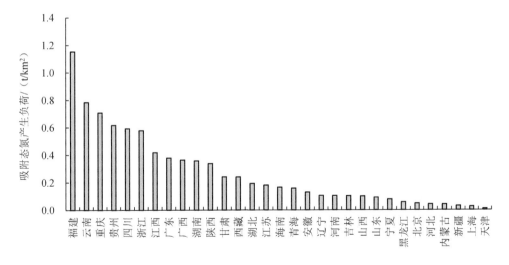

图 7-16 2015 年我国各省份吸附态氮产生负荷

2015 年我国农田吸附态磷产生量为 17.51 万 t，平均产污负荷为 0.099 t/km²。从各省（区、市）吸附态磷产生量排序情况来看，基本格局与吸附态氮产生量相似，四川产生量最大，达到 3.00 万 t；其次是云南和陕西，均为 1.79 万 t，这 3 个省也是我国各省（区、市）中仅有的超过 1 万 t 的省份；吸附态磷产生量在 0.5 万～1 万 t 的省（区、市）有重庆（0.98 万 t）、贵州（0.94 万 t）、福建（0.82 万 t）、山西（0.79 万 t）、甘肃（0.74 万 t）、湖南（0.60 万 t）、广西（0.58 万 t）、湖北（0.57 万 t）、河南（0.53 万 t）、江西（0.52 万 t）；剩余 18 个省（区、市）则产生量均小于 0.5 万 t，其中内蒙古、宁夏、新疆、青海、海南、西藏、北京、天津、上海等均不足 0.2 万 t（图 7-17）。总体而言，长江以南地区的吸附态磷产生量要远大于北方地区。

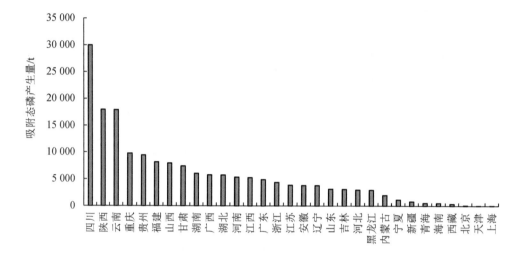

图 7-17　2015 年我国各省（区、市）吸附态磷产生量

从产生负荷的角度来看，福建单位面积农田吸附态磷产生量最大，达到 0.395 t/km^2，其次是重庆（0.265 t/km^2）和云南（0.264 t/km^2）以及陕西（0.260 t/km^2）四川（0.253 t/km^2），其余省（区、市）产生负荷均不足 0.2 t/km^2（图 7-18）。分布规律与产生量相同，高值区同样集中在长江以南地区，而北方地区普遍低于 0.05 t/km^2。

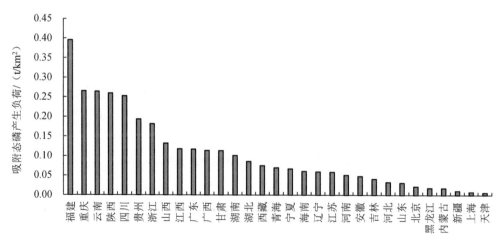

图 7-18　2015 年我国各省（区、市）吸附态磷产生负荷

汇总农田溶解态和吸附态非点源污染结果，可以得到我国 2015 年农田种植业氮、磷产生量。其中总氮产污负荷平均值为 1.068 t/km²，共产生总氮 187.90 万 t；总磷产污负荷平均值为 0.271 t/km²，共产生总氮 47.17 万 t（表 7-8）。

表 7-8　2014 年我国农田种植业氮、磷产生量

省（区、市）	氮		磷	
	总量/t	负荷/（t/km²）	总量/t	负荷/（t/km²）
北京	1 552.64	0.381	257.96	0.063
天津	615.90	0.098	157.34	0.025
河北	22 599.24	0.250	5 720.08	0.063
山西	26 291.81	0.437	16 572.78	0.275
内蒙古	12 344.00	0.109	6 080.83	0.054
辽宁	23 075.13	0.361	5 620.09	0.088
吉林	14 600.99	0.193	6 660.05	0.088
黑龙江	13 189.82	0.081	3 297.22	0.020
上海	89.60	0.026	32.82	0.010
江苏	57 145.05	0.867	13 760.64	0.209
浙江	51 634.95	2.145	12 524.71	0.520
安徽	71 713.89	0.907	12 633.43	0.160
福建	105 138.54	5.089	24 027.44	1.163
江西	75 534.87	1.695	16 844.65	0.378
山东	24 341.62	0.241	10 296.59	0.102
河南	25 759.08	0.246	11 400.49	0.109
湖北	69 107.99	1.028	16 852.78	0.251
湖南	78 082.69	1.304	18 966.27	0.317
广东	109 717.03	2.619	21 435.34	0.512
广西	100 220.42	1.974	21 075.37	0.415
海南	4 113.84	0.475	2 427.44	0.280
重庆	91 502.67	2.482	19 145.76	0.519
四川	252 764.54	2.128	53 239.06	0.448
贵州	157 213.89	3.224	30 798.93	0.632
云南	340 090.38	5.016	83 018.85	1.224
西藏	5 510.91	1.177	1 593.86	0.340
陕西	97 471.86	1.410	32 425.30	0.469
甘肃	21 380.79	0.327	13 558.21	0.207
青海	1 756.07	0.215	590.88	0.072
宁夏	3 449.98	0.197	2 299.31	0.132
新疆	21 012.45	0.272	8 455.91	0.110

从各省（区、市）农田氮产生量排序情况来看，基本格局同溶解态氮产生量分布情况，云南产生量最大，达到 34.01 万 t；其次是四川的 25.28 万 t，这两个省也是我国仅有

的超过 20 万 t 的省份；氮产生量在 10 万~20 万 t 的省（区）有贵州（15.72 万 t）、广东（10.97 万 t）、福建（10.51 万 t）、广西（10.02 万 t）；产生量在 5 万~10 万 t 的省（市）有陕西、重庆、湖南、江西、安徽、湖北、江苏、浙江等 8 个；剩余 17 个省（区、市）则产生量均小于 5 万 t，其中西藏、海南、宁夏、青海、北京、天津、上海均不足 1 万 t（图 7-19、图 7-20）。总体而言，高值区主要分布在长江以南地区特别是西南地区。

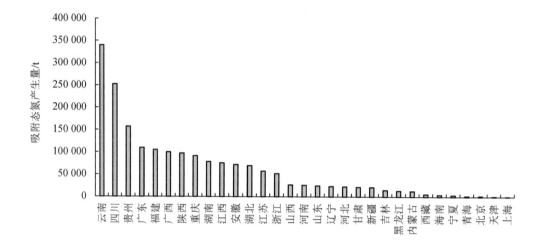

图 7-19　2015 年我国各省（区、市）农田氮产生量

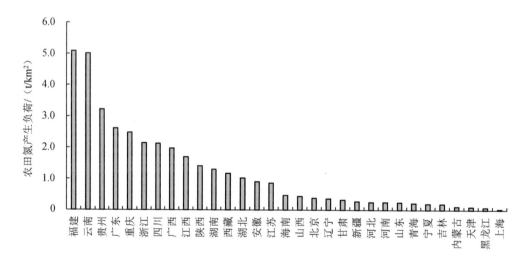

图 7-20　2015 年我国各省（区、市）农田氮产生负荷

从各省（区、市）农田磷产生量排序情况来看，同样呈现出高值区分布在长江以南地区特别是西南地区的特征。云南磷产生量最大，达到 8.30 万 t，其次是四川的 5.32 万 t，之后分别是陕西（3.24 万 t）和贵州（3.08 万 t）。产生量在 2 万~3 万 t 的有 3 个省份，

为福建（2.40 万 t）、广东（2.14 万 t）和广西（2.11 万 t），另有重庆、湖南、湖北等
11 个省（区、市）产生量在 1 万～2 万 t 的区间内；剩余 13 个省（区、市）产生量均小
于 1 万 t（表 7-8、图 7-21、图 7-22）。

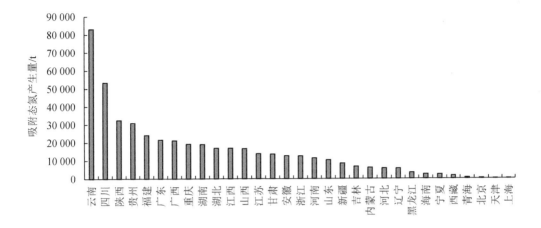

图 7-21　2015 年我国各省（区、市）农田磷产生量

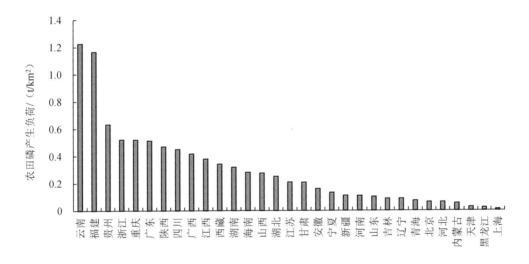

图 7-22　2015 年我国各省（区、市）农田磷产生负荷

7.4　农田非点源污染风险评估及差异分析

根据前文介绍的农田氮、磷污染风险潜势评估方法，对 2015 年我国农田氮、磷污染风
险进行评估。评估结果显示对于氮污染而言，我国农田极低风险区面积约为 33.09 万 km²，
占全部面积的 18.67%；低风险区农田面积为 40.72 万 km²，占全部面积的 22.97%；中风险

区农田面积为 36.45 万 km²，占全部面积的 20.57%；高风险区农田面积为 36.11 万 km²，占全部面积的 20.37%；极高风险区农田面积为 30.89 万 km²，占全部面积的 17.42%，中风险及以下占比为 62.22%（表 7-9）。对于磷污染而言，上述 5 个风险级别的比例分别为 19.63%、21.52%、18.13%、21.31% 和 19.40%，中风险及以下比例占到 59.29%（表 7-10）。

表 7-9　2015 年我国十大流域农田氮污染风险潜势比例分布　　单位：%

流域	极低风险	低风险	中风险	高风险	极高风险
松花江流域	37.80	36.17	15.91	8.73	1.40
长江流域	1.95	8.67	18.03	29.50	41.85
淮河流域	6.18	21.42	27.11	31.29	14.00
海河流域	15.44	22.88	27.34	27.11	7.23
黄河流域	21.09	25.55	23.60	21.62	8.14
辽河流域	21.56	28.04	27.10	16.56	6.74
西北诸河流域	38.32	32.24	23.32	6.07	0.06
珠江流域	0.01	0.65	3.96	20.11	75.28
西南诸河流域	8.05	5.17	10.08	25.31	51.40
东南诸河流域	0.00	0.15	4.69	19.03	76.13
合计	18.67	22.97	20.57	20.37	17.42

表 7-10　2015 年我国十大流域农田磷污染风险潜势比例分布　　单位：%

流域	极低风险	低风险	中风险	高风险	极高风险
长江流域	1.49	11.96	18.37	31.84	36.34
松花江流域	29.92	29.66	19.40	15.59	5.42
淮河流域	6.00	15.42	19.20	31.30	28.08
海河流域	24.95	27.62	20.59	18.37	8.48
黄河流域	32.37	21.62	16.12	19.74	10.15
辽河流域	39.48	30.63	17.98	9.09	2.83
西北诸河流域	42.35	32.75	18.08	6.78	0.05
珠江流域	0.08	3.66	8.85	22.88	64.52
西南诸河流域	0.49	25.44	18.04	18.17	37.86
东南诸河流域	6.50	11.12	14.47	21.03	46.89
合计	19.63	21.52	18.13	21.31	19.40

从污染风险的空间分布来看，农田氮、磷污染风险呈现出明显的南北差异，低风险区主要分布在东北、西北等北方区域，而高风险区主要分布在南方区域。对于氮而言，通过对比北方 5 区（松花江流域、辽河流域、海河流域、黄河流域、西北诸河流域）和南方 5 区（长江流域、珠江流域、淮河流域、东南诸河流域和西南诸河流域）结果可以看出，北方 5 区极低风险比例为 29.65%，低风险比例为 30.68%，中风险比例为 21.52%，中风险及以下比例高达 81.55%，尤其是对于处在最北部的松花江流域及西北诸河流域而言，中风险及以下比例高达 90% 以上；而南方 5 区结果与之截然相反，中风险及以下比

例仅为 34.45%，仅为北方 5 区比例的 42%，反之高风险比例为 28.81%，极高风险比例为 36.74%，极高风险区比例是北方 5 区的 9.2 倍，其中对于东南诸河和珠江流域而言极高风险比重均超过 70%（表 7-9，图 7-23）。对于磷而言也存在同样的空间分布格局，北方 5 区中风险以下比例达到 80.18%，而南方 5 区中风险以下比例仅为 33.32%，而对于极高风险区来讲，北方 5 区占比为 5.51%，而南方 5 区占比达到 36.66%（表 7-10，图 7-24）。

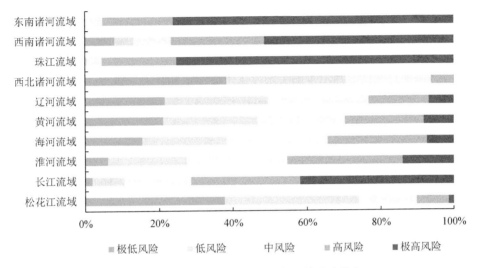

图 7-23　2015 年十大流域农田氮污染风险分布

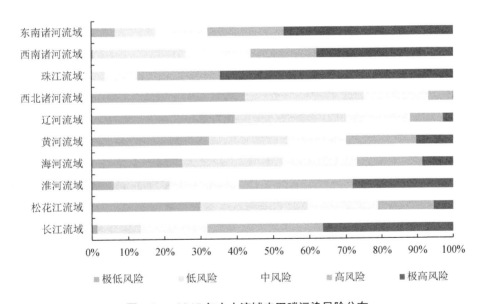

图 7-24　2015 年十大流域农田磷污染风险分布

主要原因，首先在于南方地区河网密集，枝杈纵横，且河流径流量较大，据统计南方 5 区河网密度约为 0.251 km/km²，而北方五区的河网密度为 0.105 km/km²，仅为南方河网密度的一半。由于河网密度大，农田与河道间距离较近，土壤中氮极易由于降雨或灌溉作用流失进入河道中造成污染。南方地区耕地平均与河距离约为 1 300 m，而北方五区平均与河距离为 2 472 m，是南方的 1.90 倍。数据显示高风险或极高风险地区是与河流平均距离为 1 600 m，这表明与河流的距离是影响农田非点源风险的一项关键指标。其次，南方地区降水量大尤其是侵蚀性降水量远大于北方地区，数据显示 2015 年南方地区平均侵蚀性降水量达 1 004 mm，是北方五区（142 mm）的 7.07 倍。由于侵蚀性降水量大，使得氮随着降水侵蚀及径流作用离开土壤的可能性大大增加，而北方地区特别是华北平原虽同样是中国主要农产区，河南、河北、山东的氮盈余量位居我国第 2 位、第 6 位、第 7 位，但最终污染风险却小于南方地区，主要在于其降水量较少，绝大多数氮并未随径流入河而是继续留在土壤中。最后，坡度对于最终污染物进入水体也起到了重要的推动作用，一般而言，坡度越大，径流速度越快，降雨对于土壤的冲刷强度越大，使得氮、磷流失增大，也加剧了其风险潜势。而南方地区农田多分布在山区及丘陵地带，坡度相对较大；北方地区地势平坦，主要农田均分布在平原地区，综合以上原因南方地区农田氮、磷风险显著大于北方地区。

7.5 本章小结

通过对我国 2015 年种植业非点源污染进行了模拟分析及风险评估分析，结果表明我国农田非点源污染负荷空间分布不均，不同流域排放总量差异较大，总体上南方地区由于降水丰沛导致污染物产生量明显大于北方地区，相应地，南方地区与河道距离近、侵蚀性降水量大、坡度较大等原因使得其受到非点源污染风险远高于北方地区。

1）对我国省级、地市级及县级等各级尺度农田氮、磷养分平衡状况进行核算，结果显示 2015 年我国农田生态系统的氮输入总量为 4 639.51 万 t，输出总量为 3 844.46 万 t，氮呈盈余状态，盈余量为 795.05 万 t，占总体氮输入量的 17.13%。对于磷而言，2015 年我国农田生态系统输入量为 1 919.90 万 t，输出总量为 1 180.91 万 t，净盈余量为 738.99 万 t。从地域分布可以看出在省级尺度上仅有黑龙江（−55.71 万 t）、内蒙古（−0.63 万 t）呈现氮净亏损状态，其余省（区、市）均为净盈余态。整体来看，呈现出中东部地区盈余量大于西部地区的空间格局。从磷的角度看，2015 年我国各省（区、市）均处于净盈余态。

2）我国平均氮盈余负荷为 53.2 kg/hm^2，其中广东最高，达到 193.2 kg/hm^2，其次是福建（146.8 kg/hm^2）和陕西（144.0 kg/hm^2）。经过划定共有 8 个省（区、市）处在高风险等级，主要分布在东南部及中部地区。对于磷而言，我国平均盈余负荷为 49.5 kg/hm^2，全部省（区、市）均呈现盈余态，中东部地区盈余负荷明显大于西部地区。其中，河南盈余负荷最大。

　　3）2015 年我国农田溶解态氮产污负荷平均值为 0.826 t/km^2，年产出总氮量共计 144.68 万 t；溶解态磷产污负荷平均值为 0.168 t/km^2，年产出总磷量共计 29.66 万 t。从地域分布中可以看出，三峡库区及上游、西南地区、淮河流域以及华南地区氮、磷负荷值较高。从我国十大一级区氮、磷产生量结果可以看出，长江流域氮、磷产生量最大，其次是西南诸河流域；而北方地区由于降水较少，导致农田中氮、磷负荷无法随地表径流发生迁移，因此其产生量要小于南方地区。

　　4）2015 年我国农田吸附态氮平均产污负荷为 0.245 t/km^2，共产生总氮 43.22 万 t；吸附态磷平均产污负荷为 0.099 t/km^2，共产生总磷 17.51 万 t。从空间分布可以看出，吸附态氮、磷负荷值平原地区吸附态氮、磷负荷值较低，山地地区吸附态氮、磷负荷值较高，具体表现为三峡库区及上游地区、黄河流域中南部等地区。

　　5）我国 2015 年农田种植业氮、磷产生量中总氮产污负荷平均值为 1.068 t/km^2，共产生总氮 187.90 万 t；总磷产污负荷平均值为 0.271 t/km^2，共产生总磷 47.17 万 t。负荷较大区域主要为长江流域、珠江流域、西南诸河及东南诸河等南方地区。

参考文献

Chuan L，Zheng H，Wang A，et al. 2020．The situation and research progress of agricultural non-point source pollution in China[J]. IOP Conference Series Earth and Environmental Science，526：012015.

Zhong S，Han Z，Li J，et al. 2020．Mechanized and Optimized Configuration Pattern of Crop-Mulberry Systems for Controlling Agricultural Non-Point Source Pollution on Sloping Farmland in the Three Gorges Reservoir Area，China[J]. International Journal of Environmental Research and Public Health，17（10）.

Fu B. 2008．Blue Skies for China[J]. Science，321（5889）：611.

Gu B，Ju X，Chang J，et al. 2015．Integrated reactive nitrogen budgets and future trends in China[J]. Proceedings of the National Academy of Sciences of the United States of America，112（28）：8792.

Guo H Y，Wang X R，Zhu J G. 2004．Quantification and Index of Non-Point Source Pollution in Taihu Lake Region with GIS[J]. Environmental Geochemistry and Health，26（2）：147-156.

Han Y，Fan Y，Yang P，et al. 2014．Net anthropogenic nitrogen inputs（NANI）index application in Mainland China[J]. Geofisica International，213（1）：87-94.

Hao F H.，Yang S.，Cheng H G.，et al. 2006．A method for estimation of non-point source pollution load in the large-scale basins of China[J]. Acta Scientiae Circumstantiate，26（3）：375-383.

He W，Jiang R，He P，et al. 2018．Estimating soil nitrogen balance at regional scale in China's croplands from 1984 to 2014[J]. Agricultural Systems，167：125-135.

Wang J L，Chen C L，Ni J P，et al. 2019．Assessing effects of "source-sink" landscape on non-point source pollution based on cell units of a small agricultural catchment[J]. Journal of Mountain Science，16（9）：2048-2062.

Ju X T，Gu B J，Wu Y，et al. 2016．Reducing China's fertilizer use by increasing farm size[J]. Global

Environmental Change，41：26-32.

Ju X T，Xing G X，Chen X P，et al. 2009. Reducing environmental risk by improving N management in intensive Chinese agricultural systems[J]. Proceedings of the National Academy of Sciences of the United States of America 106：3041-3046.

Oene，Oenema，Hans，et al. 2003. Approaches and uncertainties in nutrient budgets: implications for nutrient management and environmental policies - ScienceDirect[J]. European Journal of Agronomy，20（1-2）：3-16.

Zhu K W，Chen Y C，Zhang S，et al. 2020. Output risk evolution analysis of agricultural non-point source pollution under different scenarios based on multi-model[J]. Global Ecology and Conservation，23，e01144.

Wu C，Deng G C，Li Y，et al. 2012. Study on the Risk Pattern of Non-Point Source Pollution Using GIS Technology in the Dianchi Lake Watershed[J]. Advanced Materials Research，356：771-776.

Li X P，Liu W X，Yan Y，et al. 2019. Rural Households' Willingness to Accept Compensation Standards for Controlling Agricultural Non-Point Source Pollution：A Case Study of the Qinba Water Source Area in Northwest China[J]. Water，11（6）：1251-1265.

Xing K X，Guo H C，Sun Y F，et al. 2005. Simulation of non-point source pollution in watershed scale：the case of application in Dianchi Lake Basin[J]. Geographical Research，24（4）：549-558.

Peng X U，Lin Y，Yang S，et al. 2017. Input load to river and future projection for nitrogen and phosphorous nutrient controlling of Pearl River Basin[J]. Journal of Lake Sciences，29（6）：1359-1371.

Yang J，Lin Y. 2019. Spatiotemporal evolution and driving factors of fertilizer reduction control in Zhejiang Province[J]. Science of The Total Environment，660：650-659.

Yin H，Zhao W，Li T，et al. 2018. Balancing straw returning and chemical fertilizers in China：Role of straw nutrient resources[J]. Renewable and Sustainable Energy Reviews，81：2695-2702.

Y Zheng Y，Wang H，Qin Q，et al. 2020. Effect of plant hedgerows on agricultural non-point source pollution：a meta-analysis[J]. Environmental Science and Pollution Research，27（20）：24831-24847.

Yu C Q，Huang X，Chen H，et al. 2019a. Managing nitrogen to restore water quality in China[J]. Nature，567，516-520.

Jie Z，Beusen A，Apeldoorn D，et al. 2017. Spatiotemporal dynamics of soil phosphorus and crop uptake in global cropland during the twentieth century[J]. Biogeosciences Discussions，1-26.

陈为，朱小娇. 2020. 浅析我国南方农业非点源污染现状与治理对策[J]. 中国资源综合利用，38（4）：133-136.

谌婕妤，杨思雨，胡爱玲，等. 2020. 农田土壤氮磷含量时空差异分析[J]. 湖北农业科学，59（7）：68-72.

李民，解小明. 2019. 农业非点源污染防控技术及措施分析[J]. 南方农业，13（18）：175-176.

林兰稳，朱立安，曾清苹. 2020. 广东省农业非点源污染时空变化及其防控对策[J]. 生态环境学报，29（6）：1245-1250.

马林，王洪媛，刘刚，等. 2021. 中国北方农田氮磷淋溶损失污染与防控机制[J]. 中国生态农业学报（中英文），29（1）：1-10.

宋泽峰，张君伍，陆智平，等. 2020. 大气干湿沉降对河北平原农田非点源污染的贡献[J]. 干旱区资源与环境，34（1）：93-98.

王雪蕾，王桥，吴传庆，等 . 2015. 国家尺度非点源污染业务评估与应用示范[M]. 北京：科学出版社.

王雪蕾 . 2015. 遥感分布式非点源污染评估模型[M]. 北京：科学出版社.

吴汉卿，万炜，单艳军，等 . 2020. 基于磷指数模型的海河流域农田磷流失环境风险评价[J]. 农业工程
　　学报，36（14）：17-27，327.

严传军 . 2020. 我国农田非点源污染防治与粮食安全保障[J]. 粮食科技与经济，45（10）：33-34.

张巧玲，胡海棠，王道芸，等 . 2021. 海河流域农田氮磷非点源污染的空间分布特征及关键源区识别[J/OL].
　　灌溉排水学报：40（4）：97-106.

张盛宇，董怡华，张新月，等 . 2019. 辽河流域农田非点源污染控制技术模式[J]. 环境保护与循环经济，
　　39（6）：22-26.